□ 算法理论与应用丛书

U0162359

算法数学

Algorithmic Mathematics

Stefan Hougardy　Jens Vygen 著

张晓岩 张赞波 孙　建 史永堂 徐大川 译

高等教育出版社·北京

图字：01-2018-8853 号

First published in German under the title
Algorithmische Mathematik
by Stefan Hougardy and Jens Vygen
Copyright © Springer-Verlag Berlin Heidelberg, 2015
This edition has been translated and published under license from
Springer-Verlag GmbH, part of Springer Nature.

图书在版编目（ＣＩＰ）数据

算法数学 /（德）斯特凡·乌加尔迪（Stefan Hougardy），
（德）延斯·菲根（Jens Vygen）著；张晓岩等译 . --
北京：高等教育出版社，2021. 8
（算法理论与应用丛书 / 堵丁柱主编）
ISBN 978-7-04-053786-4

Ⅰ.①算… Ⅱ.①斯… ②延… ③张… Ⅲ.①算法
Ⅳ.① O24

中国版本图书馆 CIP 数据核字（2020）第 038535 号

算法数学
Suanfa Shuxue

| 策划编辑 和 静 | 责任编辑 和 静 | 封面设计 张 志 | 版式设计 杨 树 |
| 责任校对 张 薇 | 责任印制 刘思涵 | | |

出版发行	高等教育出版社	网 址	http://www.hep.edu.cn
社 址	北京市西城区德外大街4号		http://www.hep.com.cn
邮政编码	100120	网上订购	http://www.hepmall.com.cn
印 刷	中农印务有限公司		http://www.hepmall.com
开 本	787mm×1092mm 1/16		http://www.hepmall.cn
印 张	11.5		
字 数	220 千字	版 次	2021 年 8 月第 1 版
购书热线	010-58581118	印 次	2021 年 8 月第 1 次印刷
咨询电话	400-810-0598	定 价	49.00 元

本书如有缺页、倒页、脱页等质量问题，请到所购图书销售部门联系调换
版权所有 侵权必究
物 料 号 53786-00

算法理论与应用丛书编委会

序言

自计算机问世以来, 算法的重要性在数学的所有领域中稳步上升. 在波恩大学, 这促使我们为初学者开设了一门新课程, 即算法数学 (除了分析和线性代数两门基础课程). 本书包含了这门新课程的内容, 作者已经讲授过多次, 其中包含了大约 30 个 90 分钟的讲座, 还有练习教程. 虽然本书内容仅要求不超过高中的基础知识, 但对于没有数学经验的读者来说这是一项挑战.

与大多数可能主要是针对计算机科学专业学生的算法介绍性书籍相比, 本书的重点是严格而严谨的数学表达. 在我们看来, 精确的定义、严格的定理和仔细的优雅证明是必不可少的, 特别是在数学研究的开始阶段. 此外, 本书包含了许多实例、解释和参考以供进一步研究.

对主题的选择表明我们打算在没有更深层次的数学知识的情况下尽可能多地展示算法和算法问题. 我们讨论基本概念 (第一、二和三章)、数值问题 (第四和五章)、图 (第六和七章)、排序算法 (第八章)、组合优化 (第九和十章) 和高斯消去法 (第十一章). 由于主题常常是相互关联的, 所以如果不参考后面的章节, 那就建议按顺序阅读本书. 本书不仅会向读者介绍经典的算法及相关的分析, 还会介绍重要的理论基础, 并且读者会发现许多交叉引用甚至是未解决的研究问题.

如果不能实现算法, 就谈不上理解和应用它们. 因此, 除了介绍数学主题, 书中还包含了对 C++ 编程语言的介绍. 我们必须尽力将技术细节限制在必要的最低限度范围内——这不是编程课程!——同时向缺乏编程经验的学生呈现了一本入门教材.

我们精心设计的编程示例有两个用途: 一是举例说明 C++ 的主要构成元素, 并激发学生的钻研精神; 二是补充相关主题. 如果不亲自动手实践编程, 显然不可能成为全能型的程序员, 就像一个没有做练习和解决问题的人, 就不能正确地学习数学一样. 虽然不能过分强调这一点, 但我们鼓励所有的初学者都这样做.

　　我们真诚地希望所有的读者都能喜欢学习算法数学!

波恩, 德国　　　　　　　　　　　　　　　　　　　　　Stefan Hougardy

2015.03　　　　　　　　　　　　　　　　　　　　　　　Jens Vygen

关于 C++ 程序的注释

本书包含了许多用 C++ 编写的编程示例. 所有这些程序的源代码可以从作者的网站下载. 在本书中, 我们使用了 ISO/IEC 14882:2011 [5] 中规定的 C++ 版本, 该版本也被称为 C++ 11. 可以使用所有支持此 C++ 版本的常用 C++ 编译器编译这些编程示例. 例如, 从版本 4.8.1 开始免费提供的 GNU C++ Compiler g ++ 支持本书中使用的 C++ 11 的所有语言元素. 关于 C++ 11 的优秀教科书的例子是 [25, 32]. 关于 C++ 11 的详细信息也可以在互联网上找到, 例如 http:// en.cppreference.com 或 http://www.cplusplus.com.

致谢

我们希望借此机会感谢所有多年来为我们提供与本书有关的建议和改进的人. 除了选修我们课程的学生, 还有一些人值得特别提及: Christoph Bartoschek, Ulrich Brenner, Helmut Harbrecht, Stephan Held, Dirk Müller, Philipp Ochsendorf, Jan Schneider 和 Jannik Silvanus. 对他们所有人, 我们表示诚挚的感谢.

欢迎并感谢读者对任何遗留错误进行指正或给出进一步的改进建议.

波恩, 德国

Stefan Hougardy

Jens Vygen

译者序

　　近年以来, 信息和通信产业的蓬勃发展为我们带来了种种挑战和机遇, 如大数据的处理与分析手段屡获提升, 人工智能的应用频传突破, 芯片产业成为国家竞争的重要筹码, 网络与信息安全更已成为国家安全战略重要组成部分. 算法的设计、分析与实现及其数学基础, 是信息通信产业各分支共同的基石, 也是相关行业人才培养的必修课程. 如何让学习算法的学生们尽快掌握最必需的数学知识, 是值得我们思考和探索的课题. 在这方面, 国内乃至于国际的著名高校, 似未见很多针对性的课程设置.

　　本书的作者 Stefan Hougardy 与 Jens Vygen 均为德国波恩大学组合优化、算法与复杂性以及芯片自动化设计方向的著名教授. 译者在德国波恩大学访问期间与 Stefan Hougardy 与 Jens Vygen 两位教授针对此领域的数学和算法问题进行了深度的交流和讨论, 并注意到他们为波恩大学的新生引入了一门称为 "算法数学" 的课程, 其用意正在于为学生建立算法学习所需的数学基础, 并初步掌握算法设计与分析的一些重要数学方法.

　　作为计算机科学、算法设计以及组合优化和图论的初级课程, 这门课程的内容包含了整数的表示和处理, 图与网络的基本算法, 排序以及高斯消元法 (大部分为矩阵算法) 等, 处理了整数、树、图和矩阵等最基本的对象. 作者对内容做了精心组织, 既介绍了相关的算法, 附有完整的代码实现, 也强调其严密的数学基础, 每章节均包含了严谨的概念定义、算法正确性和时间复杂性的定理和证明等.

　　Stefan Hougardy 与 Jens Vygen 两位教授曾多次访问中国, 也希望此教材有机会能让中国学生受益. 我们认为本书以相对简短的篇幅覆盖了较全的知识面, 其选题与组织很有新意, 适合作为本科生的算法入门书籍. 因此, 我们翻译此书, 将其介绍给国内的老师与学生. 祈盼通过此书, 为我们的算法教学带来新的视角和思路, 助力我国算法相关课程的革新.

　　本书的陈述与证明言简意赅, 其准确翻译需要细致的工作. 在此, 感谢译者的博士生储天舒、胡嘉铭、剧嘉琛、任春莹、孙鑫、田晓云、王义晶、袁藩、张洪祥、赵中睿, 研究生郝立峰、盛海云以及本科生何心玥、叶璞钰、孙燕婷协助完成部分初稿的翻译与校对工作. 感谢国家自然科学基金 (11871280, 11871081, 11922112, 11771221, 11971349) 和广东省普通高校省级重大科研项目 (2018GKZDXM004) 的支持, 感谢南京师范大学、广东财经大学、北京工业大学以及南开大学为译者提供的良好科研环境, 感谢高等教育出版社编辑为本书的译制和编辑给予的细致帮助. 特别地, 译者要感谢各自的家人对译者工作给予的理解与支持. 限于译者水平, 译本中难免有错误出现, 欢迎广大读者批评指正.

目录

第一章

引言

本章首先给出基本概念和简单算法, 其中算法采用 C++ 分析和实现, 然后举例说明不可计算性.

1.1　算法

算法是具有如下要素的有限指令序列:

- 算法的输入;

- 算法执行的计算步骤 (可能依赖于输入或中间结果) 及相应的顺序;

- 算法的终止条件及相应的输出.

算法的形式化定义需要借助于具体的计算机模型 (例如: 图灵机 [35]) 或者编程语言 (例如: C++[31]). 本书主要介绍若干具体算法, 不探究算法的形式化定义.

算法一词的起源可以追溯到 Muhammad ibn Musa Al-Khwarizmi (约公元 780—840), 他关于印度数系和计算方法 (加法、减法、乘法、除法、分数运算、求根) 的著作为西方数学带来了一场革命 (参见 [12, 36]).

Eratosthenes 筛法, 欧几里得算法和高斯消元法等算法出现得更早, 发表在两千年前的文献中, 后续章节会详细介绍.

[1]　　　有的算法可以由人工执行, 有的算法需要在硬件或软件上运行. 运行算法的硬件, 早期为机械计算器, 当今为计算机芯片. 在软件上运行算法指的是, 用编程语言写出可以在通用微处理器上编译和运行的计算机程序.

　　算法数学是数学中处理算法设计和分析的分支. 随着计算机的出现, 算法几乎在所有数学领域变得越来越重要, 在无数的应用场景同样如此. 计算数学领域和离散数学的诸多方向都是由此产生的. 算法也是计算机科学的重要组成部分.

1.2　计算问题

　　按惯例, $\mathbb{N}, \mathbb{Z}, \mathbb{Q}$ 和 $\mathbb{R}$ 分别表示自然数集 (不包括 0)、整数集、有理数集和实数集. 本书不介绍这些定义和集合论的基础概念. 下面引入一些基本的数学概念.

　　定义 1.1　设 A 和 B 为两个集合, $A \times B := \{(a,b) : a \in A, b \in B\}$ 表示集合 A 和 B 的**笛卡儿积**, $A \times B$ 的子集称为 (A, B) 上的**关系**.

　　给定集合 A 和 A 上的关系 $R \subseteq A \times A$, 通常将 $(a,b) \in R$ 记作 aRb. 两个简单的例子如下: 关系 $\{(x,x) : x \in \mathbb{R}\}$ 通常用符号 "=" 表达; 关系 $\{(a,b) \in \mathbb{N} \times \mathbb{N} : \exists c \in \mathbb{N}$ 使得 $b = ac\}$ 通常用文字 "a 整除 b" 表达.

　　定义 1.2　设 A 和 B 为两个集合, 若 $f \subseteq A \times B$ 满足: 对于任意 $a \in A$, 存在唯一的 $b \in B$ 使得 $(a,b) \in f$, 则称 f 为从 A 到 B 的**函数** (或者**映射**), 记作 $f : A \to B$. 通常用 $f(a) = b$ 或者 $f : a \mapsto b$ 表示 $(a,b) \in f$. 称集合 A 为 f 的**定义域**, 集合 B 为 f 的**值域**.

　　若函数 $f : A \to B$ 满足: 对于任意 $a, a' \in A$, $a \neq a'$ 都有 $f(a) \neq f(a')$, 则称 f 为**单射**. 若函数 $f : A \to B$ 满足: 对于任意 $b \in B$ 都存在 $a \in A$, 使得 $f(a) = b$, 则称 f 为**满射**. 若函数 f 既是单射又是满射, 则称 f 为**双射**.

　　例 1.3　$\mathbb{N} \to \mathbb{N}$ 上的函数 $f(x) = 2 \cdot x$ 是单射但不是满射. $\mathbb{Z} \to \mathbb{N}$ 上的函数 $g(x) = |x| + 1$ 是满射但不是单射. $\mathbb{Z} \to \mathbb{N}$ 上的函数

$$h(x) = \begin{cases} 2 \cdot x, & x > 0; \\ -2 \cdot x + 1, & x \leqslant 0, \end{cases}$$

[2] 既是单射又是满射, 因此是双射.

定义 1.4 给定 $a, b \in \mathbb{Z}$, 集合 $\{a, \cdots, b\}$ 表示 $\{x \in \mathbb{Z} : a \leqslant x \leqslant b\}$. 当 $b < a$ 时, 集合 $\{a, \cdots, b\}$ 为**空集** $\{\}$, 通常用符号 $\emptyset$ 表示.

对于集合 A, 若存在 $n \in \mathbb{N}$ 和单射函数 $f : A \to \{1, \cdots, n\}$, 则称 A 为**有限集**; 否则称 A 为**无限集**. 若存在单射函数 $f : A \to \mathbb{N}$, 则称 A 为**可数集**; 否则称 A 为**不可数集**. 有限集合 A 的元素个数记作 $|A|$.

通过函数 $f : A \to B$ 可以将计算机程序描述为: 把给定输入 $a \in A$ 转化为输出 $f(a) \in B$. 几乎所有的计算机都是用 0 和 1 进行内部运算. 但是为了让输入输出更具有可读性, 通常也会使用其他字符串:

定义 1.5 设 A 为非空有限集合, $k \in \mathbb{N} \cup \{0\}$, A^k 表示所有函数 $f : \{1, \cdots, k\}$ $\to A$ 的集合. 通常将元素 $f \in A^k$ 写成序列 $f(1) \cdots f(k)$, 并称之为在**字母表** A 上**长度为** k 的**字** (或者**串**). A^0 的单一元素 $\emptyset$ 称为**空字** (它的长度为 0). 记 $A^* = \bigcup_{k \in \mathbb{N} \cup \{0\}} A^k$, A^* 的子集称为字母表 A 上的**语言**.

下面给出计算问题的定义:

定义 1.6 **计算问题**是满足如下性质的关系 $P \subseteq D \times E$: 对于任意 $d \in D$, 存在元素 $e \in E$, 使得 $(d, e) \in P$. 若 $(d, e) \in P$, 则 e 是问题 P 对于输入 d 的**正确输出**. D 中的元素称为问题的**实例**.

若计算问题 P 是函数, 则称之为**唯一的**. 若 D 与 E 是在有限字母表 A 上的语言, 则 P 称作**离散计算问题**. 若 D 与 E 分别是 $\mathbb{R}^m$ 和 $\mathbb{R}^n$ 的子集, 其中 $m, n \in \mathbb{N}$, 则 P 称作**数值计算问题**. 若 $|E| = 2$, 则唯一计算问题 $P : D \to E$ 称作**判定问题**.

换句话说: 计算问题称为唯一的当且仅当对于每个输入都有唯一正确的输出. 此外, 若输出仅由 0(否) 或 1(是) 组成, 则得到判定问题.

考虑到计算机处理的范围局限于输入和输出都为有限字符串的情况, 数值计算问题会出现舍入误差. 计算机由于其自身特性的限制, 只能处理离散计算问题. 本书先介绍若干离散计算问题, 再讨论数值计算问题. 下一节给出算法概念, 并通过伪代码或 C++ 编程语言说明实现过程. [3]

1.3 算法、伪代码和 C++

算法的目的是求解计算问题, 其正式定义最早出现在 20 世纪上半叶, Alonzo Church 与 Alan Turing 分别于 1936 年和 1937 年给出了 λ 演算 [6] 和图灵机 [35] 的定义. 至今产生了若干改进的定义, 已经被证明都是等价的. 无论采用何种定义, 一个算法能求解的可计算问题集合是一样的.

从实用角度来看, 人们通常只关注能够在计算机上运行的算法. 当今的计算机都用**机器代码**接收指令. 人脑难以理解机器代码, 因此人们使用易于理解的高级编程语言, 通过**编译器**翻译成机器代码.

本书使用 C++ 编程语言描述算法. 符合编程语言规则的有限指令序列称为**程序**. 所有的算法都能用 C++ 或者其他编程语言写成程序. 因此, 可以只通过 C++ 程序来定义算法. 本书仅介绍 C++ 语言的子集, 主要用实例来阐述这门编程语言的最重要元素, 不给出语义的正式定义 (见 [31]). 将算法思想写成程序的过程称为**实现**.

本书同时用**伪代码**来描述算法, 这使得算法的表述更精确, 易于阅读且便于转化为所需的编程语言. 选择使用伪代码的唯一目的是表达算法的基本思想. 伪代码的表述允许口语化, 但不能自动转换成机器代码或 C++ 程序, 它的语法和语义清楚, 本书不做特别定义.

下面举例说明算法的伪代码和相应的 C++ 程序. 考虑求解问题: 计算自然数的平方. 通过设计算法, 计算由 $f(x) = x^2$ 所确定的函数值. 算法的伪代码为:

[4]

算法 1.7 (整数的平方)

输入: $x \in \mathbb{N}$.

输出: x 的平方.

$$\text{result} \leftarrow x \cdot x$$
$$\textbf{output } \text{result}$$

伪代码同计算机程序一样, 包括输入变量 "x" 和输出变量 "result". 箭头符号 "←" 表示右侧表达式的值赋给左侧变量. 上述伪代码中, 表达式 $x \cdot x$ 的值赋给变量 "result", 指令 **output** 输出存放在 "result" 中的值.

算法对应的 C++ 程序如下:

程序 1.8 (整数的平方)

```
1  // square.cpp (Compute the Square of an Integer)
2
3  #include <iostream>
4
5
6  int main()
7  {
8      std::cout << "Enter an integer:";
9      int x;
10     std::cin >> x;
```

```
11    int result = x * x;
12    std::cout << "The square of "<< x << "is" << result << ".\n";
13  }
```

现简要分析 8~12 行. 第 8 行: 屏幕上显示短文本信息 "请输入一个整数". 第 9 行: 定义整型变量 "x". 第 10 行: 读取输入的整数并存储到变量 "x" 中. 第 11 行: 定义变量 "result", 赋值 $x \cdot x$. 第 12 行: 输出输入值及计算结果. **C++ 详解 (1.1)**, **C++ 详解 (1.2)** 和 **C++ 详解 (1.3)** 详细阐述了第 1~13 行的程序代码.

C++ 详解 (1.1): 程序的基本结构

C++ 程序是一串符合 C++ 语言规则的字符, 它必须包含函数 main. 程序运行时, 先执行 int main() 下方花括号 { 和 } 中的指令. 最简短的 C++ 程序是: [5]

int main() {}

此处花括号内无字符, 程序不执行任何操作. C++ 的命令以分号结尾, 一行内允许书写多条命令. 每行只写一条命令能提高可读性, 如程序 1.8. 在程序中添加空格或空行不会改变程序的功能, 故可通过缩进相关指令的代码块, 使程序的结构更清晰. 在程序代码中加入以//开始的注释可提高可读性, 编译器会忽略//后面直到行尾的所有字符.

不同于其他编程语言, C++ 区分字母大小写; 例如, int Main() {} 不是合法的 C++ 程序.

C++ 详解 (1.2): 输入和输出

计算函数的程序需要输入定义域中的元素, 计算其函数值并输出. 在最简单情形时, 输入输出可仅用键盘和显示器实现. 程序的输入和输出都依赖于C++ 的标准库. 标准库包含了诸多常用命令, 调用这些指令时必须指导编译器将标准库中相关部分调用给正在编写的程序. 程序库中处理输入输出的部分称作iostream. 例如程序 1.8 中的第 3 行:

#include<iostream>

使用 C++ 标准库中的命令时, 须使用前缀 std:, 屏幕输出时使用命令std::cout, 输出符号 << 后为要输出的内容. 出现在双引号中的文字会被原样显示出来, 如程序 1.8 的第 8 行; 变量的值用变量名称来显示. 需要同时输入多个内容时, 可在 std::cout 之后, 利用 << 操作符来分隔连续输出的几项内容, 如程序 1.8 的第 12 行. 利用字符 \n 可以换行. [6]

与 cout 对应的是 cin. 命令 std::cin >> 用于接收输入值, 同样可执行多个输入运算. 例如, 输入变量 x,y 和 num_iterations 可使用命令:

std::cin >> x >> y >> num_iterations;

C++ 详解 (1.3): 基本数据类型与操作

每种编程语言的主要特点表现在新变量的定义形式上, C++ 中每个变量的类型都是确定的, 本书常用的数据类型有 int, bool 和 double. 数据类型 int 和 bool 分别用于存储整数和实数; 数据类型 bool 有两种取值: true 和 false. 为了使编译器能识别定义的变量, 定义时需要输入变量的数据类型和变量名 (如程序 1.8 的第 9 行). 定义变量时可直接给变量赋值 (如程序 1.8 的第 11 行). 一条指令内定义多个同类型的变量要用逗号分隔, 例如:

int i, j = 77, number_of_iterations = j+2, first_result;

变量名由字母、数字和符号 "_" 组成, 数字不能作开头. 通过其变量名调用变量可提高程序可读性.

用运算符连接单个或多个变量即构成表达式. 对于 int 型和 double 型变量, 常用的算术运算符有 +, -, * 和/(表示加法、减法、乘法和除法); 关系运算符有 ==, <, >, <=, >= 和!=(表示 $=, <, >, \leqslant, \geqslant$ 和 $\neq$). 关系运算符的输出结果为 bool 类型. 注意, 单个等号 = 表示给变量赋值, 而不表示关系运算符 "==". 取值为 bool 类型的表达式可用单个或多个逻辑运算符连接, 常用的逻辑运算符有 and, or 和 not (与、或和非), 括号 () 用来控制表达式的计算顺序.

[7]

1.4　简单素性测试

本节的第一个判定例子是: 判断自然数是否为素数.

定义 1.9　给定自然数 $n(n \geqslant 2)$, 若不存在自然数 a 和 b, 使得 $a > 1, b > 1, n = a \cdot b$, 则称 n 为素数.

考虑判定问题 $\{(n,e) \in \mathbb{N} \times \{0,1\} : e = 1 \Leftrightarrow n \text{ prime}\}$, $\mathbb{N}$ 为字母表 (例如 $\{0, 1, 2, 3, 4, 5, 6, 7, 8, 9\}$) 上的一种语言.

判定问题 1.10　(素性)
输入: $n \in \mathbb{N}$.
问题: n 是素数吗?

下面设计 "给定 $n \in \mathbb{N}$ 判断 n 是否为素数" 的算法, 通常称之为素性测试.
素数的定义提供了一个直观的设计算法思路: 首先测试 $n \geqslant 2$ 是否成立, 若成立, 再对所有满足 $2 \leqslant a,b \leqslant \frac{n}{2}$ 的自然数 a 和 b 测试 $n = a \cdot b$ 是否成立. 以上判断要做 $(\frac{n}{2}-1)^2$ 次乘法. 即便如今的计算机每秒可进行数十亿次运算 (包括乘法), 当 n 为八位数时, 运算时间可能会达到数小时.

用伪代码表述素性测试:

算法 1.11 (简单素性测试)

输入: $n \in \mathbb{N}$.

输出: n 是否素数的答案.

> **if** $n = 1$ **then** result $\leftarrow$ "no" **else** result $\leftarrow$ "yes"
> **for** $i \leftarrow 2$ **to** $\lfloor\sqrt{n}\rfloor$ **do**
> > **if** i 整除 n **then** result $\leftarrow$ "no"
> **output** result

[8]

算法 1.11 涉及了两个伪代码命令: **if** 命令和 **for** 命令. **if** 命令用来判断语句的真实性 (在此例中, 语句是 "$n = 1$" 或 "i 整除 n"), 语句为真, 执行 **then** 部分的指令, 否则, 执行 **else** 部分的指令, 无实际需求可省略 **else** 部分. **for** 命令用于连续赋予变量不同的值, 算法中具体表现为将 2 至 $\lfloor\sqrt{n}\rfloor$ 依次赋予变量 i. 对每个 i 值, 都要执行一次 **for** 部分缩进块的命令.

算法 1.11 中另有两处需要说明. 使用以下定义:

定义 1.12 给定 $x \in \mathbb{R}$, 定义**下取整**和**上取整**:
$$\lfloor x \rfloor := \max\{k \in \mathbb{Z} : k \leqslant x\},$$
$$\lceil x \rceil := \min\{k \in \mathbb{Z} : k \geqslant x\}.$$

给定自然数 a 和 b, 定义 $a \bmod b := a - b \cdot \lfloor\frac{a}{b}\rfloor$.

$a \bmod b$ 表示 a 除以 b 的欧几里得余数, 显然, b 整除 a 当且仅当 $a \bmod b = 0$. 如今的计算机都能在有限个时钟周期内完成运算 $a \bmod b$ 和 $\lfloor\frac{a}{b}\rfloor$, 因此称这类运算为初等运算, 在 C++ 中分别记作 `a%b` 和 `a/b`. 若 `a` 和 `b` 至少有一个为负数时, `a/b` 舍入为 0. 目前尚未明确平方根的计算是否可用初等运算来完成, 因此可设步长从 1 增长到 i(此时 $i \cdot i > n$).

对于合法输入, 算法的每一步都要求是适定的, 所以它总会在有限步内停止运行并计算出结果. 上述算法定义函数 $f : \mathbb{N} \to \{\text{yes}, \text{no}\}$, 当且仅当 n 是素数时, $f(n) = \text{yes}$, 此过程称为算法**计算了函数** f, 通常用 $\{\text{true}, \text{false}\}$ 或者 $\{1, 0\}$ 来代替 $\{\text{yes}, \text{no}\}$.

这里运算步数 (初等运算次数) 与 $\sqrt{n}$ 成比例. 下面引入 Landau 符号来进一步阐述:

定义 1.13　令 $g : \mathbb{N} \to \mathbb{R}_{\geqslant 0}$, 定义:

[9]
$$O(g) := \{f : \mathbb{N} \to \mathbb{R}_{\geqslant 0} : \exists \alpha \in \mathbb{R}_{>0} \exists n_0 \in \mathbb{N} \ \forall n \geqslant n_0 : f(n) \leqslant \alpha \cdot g(n)\};$$
$$\Omega(g) := \{f : \mathbb{N} \to \mathbb{R}_{\geqslant 0} : \exists \alpha \in \mathbb{R}_{>0} \exists n_0 \in \mathbb{N} \ \forall n \geqslant n_0 : f(n) \geqslant \alpha \cdot g(n)\};$$
$$\Theta(g) := O(g) \cap \Omega(g).$$

通常用 f 等于 $O(g)$ 或 $f = O(g)$ 表示 $f \in O(g)$. 此处的等号不具有对称性, 这种表示法被广泛使用. 若函数 $g : n \mapsto \sqrt{n}$, $f(n)$ 表示输入为 n 时算法 1.11 的初等运算次数, 则 $f \in O(g)$, 且算法具有 (渐近的) **时间复杂度** (或运行时间) $O(\sqrt{n})$.

算法 1.11 的运算步数不小于 $\sqrt{n}$, 故时间复杂度也可表示为 $\Theta(\sqrt{n})$. 当找到第一个除数后就停止 **for** 循环 (实际上这就是算法实现的本质) 可以改进时间复杂度. 对于所有偶数 n, 上述算法会在常数步数后终止.

常数因子在 O 记号中不起作用. 在某些情况下, 程序执行初等运算的次数依赖于编译器和硬件, 所以人们不能掌握其精确值. 但是只要 n 足够大, 时间复杂度为 $O(\sqrt{n})$ 的算法, 会比时间复杂度为 $\Theta(n^2)$ 算法要快, 这跟 O 记号中的任何常数因子无关.

人们一直致力于改进时间复杂度. 2002 年, 出现时间复杂度为 $O((\log n)^k)$ 的算法, 其中 k 为常数 ([1]), **log** 或者 $\log_2$ 表示以 2 为底的对数. **ln** 表示自然对数 (即以 e 为底的对数). O 中对数的底数选取并不重要, 因为 $\log n = \Theta(\ln n)$.

程序 1.14 (简单素性测试)

```cpp
 1  // prime.cpp (Simple Primality Test)
 2
 3  #include <iostream>
 4
 5
 6  bool is_prime(int n)
 7  {
 8      // numbers less than 2 are not prime:
 9      if (n < 2) {
10          return false;
11      }
12
13      // check all possible divisors up to the square root of n:
14      for (int i = 2; i * i <= n; ++i) {
15          if (n % i == 0) {
```

[10]

```
16          return false;
17        }
18      }
19      return true;
20  }
21
22
23  int get_input()
24  {
25      int n;
26      std::cout << "This program checks whether a given integer is
27                    prime.\n"
28                 << "Enter an integer: ";
29      std::cin >> n;
30      return n;
31  }
32
33
34  void write_output(int n, bool answer)
35  {
36      if (answer) {
37          std::cout << n << " is prime.\n";
38      }
39      else {
40          std::cout << n << " is not prime.\n";
41      }
42  }
43
44
45  int main()
46  {
47      int n = get_input();
48      write_output(n, is_prime(n));
49  }
```

程序 1.14 是算法 1.11 的 C++ 实现, 函数 is_prime 是算法的核心内容, 函数 get_input 和 write_output 分别处理输入和输出. C++ **详解 (1.4)** 解释了如何将参数传递给函数, 函数再返回结果的过程, C++ **详解 (1.5)** 解释了函数 is_prime 的 if 命令和 for 命令的使用方法.

C++ 详解 (1.4): 函数

C++ 中的函数在某些方面类似于数学函数, 它包含了若干个名为**函数参数**的对象, 并产生一个结果值. 函数对于程序的结构和可读性起了重要作用. 例如程序 1.14 中的 write_output 和 is_prime, 恰如其名, 能够使读者明了诸如 write_output(n,is_prime(n)) 这样的指令想做什么, 而不具体理解函数 is_prime 的实现方式.

函数的定义始于函数结果返回值的类型说明符. 若无输出, 如程序 1.14 中的函数 write_output, 则用 void 作类型说明符. 下面定义函数的名称, 括号中为分配参数 (用逗号分隔) 的列表, 通过提供其类型和名称来输入每个参数. 花括号中的最后一项是函数的命令部分. 若要返回结果, 可使用 return 命令, 然后函数终止, return 命令后的表达式被计算并作为结果显示.

[11]

程序 1.14 第 14 行的指令 ++i 的作用是使得变量 i 的值增加 1, 也可以写成 i=i+1.

C++ 详解 (1.5): if 和 for

C++ 中的 if 命令的一般形式为: if (条件){指令块 1} else {指令块 2}. 条件表达式产生 bool 类型的结果, 包含 "条件" 的括号是必不可少的, 若此表达式的结果是 true,则指令块 1 中的指令被执行; 若结果是 false,则指令块 2 中的指令被执行. 关于 if 命令的实例可见程序 1.14 的第 35~40 行. if 命令的 else 部分, 即指令块 2 为空时 else 部分可省略. 如果 if 命令的两个指令块中任一个仅包含一条指令时, 包含它的花括号可省略 (例如程序 1.14 的第 15~17 行).

C++ 中的 for 命令的一般形式为: for(初始化; 条件表达式; 表达式) {指令块}. for 命令从初始化开始执行, 此处通常定义可以取遍一系列值的变量, 然后测试条件表达式的结果是否为 true. 若结果返回为 true, 先执行指令块中的指令, 后计算表达式的值. 通常来说, 表达式会改变初始化的变量值. 后三步一直重复执行, 直至条件表达式输出结果为 false. 在程序 1.14 的第 14~18 行, 定义初始条件为 int i = 2, 条件表达式为 i * i <= n, 表达式为 ++i 的 for 循环. 在此例中, 即便条件表达式仍然成立, 指令块中的 return 命令也可能使 for 循环提前终止.

上述程序并没有考虑输入不是自然数的情形, 在编写程序中应避免. 且此程序仅在输入字节长度不大时才能正常运行, 下章将讨论解决方法. [12]

1.5 Eratosthenes 筛法

上节考虑了一个判定问题, 本节考虑更一般离散计算问题的例子.

计算问题 1.15 (素数的枚举)

输入: $n \in \mathbb{N}$.

任务: 计算所有的素数 p, $p \leqslant n$.

编写程序时, 当然可以选择再次使用函数 `is_prime` (`get_input` 也可以), 但会产生时间复杂度为 $O(n\sqrt{n})$ 的算法. 算法 1.16 也称 Eratosthenes 筛法, 会更高效. 下面为该算法的伪代码, 其中 p 表示长度为 n 的向量变量. 符号 $p[i]$ 表示访问此向量的第 i 个分量.

算法 1.16 (Eratosthenes 筛法)

输入: $n \in \mathbb{N}$.

输出: 所有小于或等于 n 的素数.

$$
\begin{aligned}
&\textbf{for } i \leftarrow 2 \textbf{ to } n \textbf{ do } p[i] \leftarrow \text{``yes''} \\
&\textbf{for } i \leftarrow 2 \textbf{ to } n \textbf{ do} \\
&\qquad \textbf{if } p[i] = \text{``yes''} \textbf{ then} \\
&\qquad\qquad \textbf{output } i \\
&\qquad\qquad \textbf{for } j \leftarrow i \textbf{ to } \lfloor \tfrac{n}{i} \rfloor \textbf{ do } p[i \cdot j] \leftarrow \text{``no''}.
\end{aligned}
$$

定理 1.17 算法 1.16 可以正常运行且时间复杂度为 $O(n \log n)$.

证明 说明算法的正确性, 只须证对所有的 $k \in \{2, \cdots, n\}$, 当且仅当 k 是素数时, 算法输出 k.

设 $k \in \{2, \cdots, n\}$, 每当算法给 $p[k]$ 赋值为 "no" 时, 就表明对于 $j \geqslant i \geqslant 2$, $k = i \cdot j$ 成立, 故 k 不是素数. 因此, 对所有素数 $k \in \{2, \cdots, n\}$ 有 $p[k] = \text{``yes''}$ 成立, 此时它们会被算法正确选出.

假设 k 不是素数, 设 i 为 k 的最小的素因子 $(i \geqslant 2)$, $j := \frac{k}{i}$. 显然, 有 $2 \leqslant i \leqslant j = \frac{k}{i} \leqslant \lfloor \frac{n}{i} \rfloor$ 且 i 为素数. 此时 $p[i] = \text{``yes''}$, 则必然有 $p[i \cdot j = k] = \text{``no''}$. 当外层循环到达 k 时, $p[k]$ 已被赋值为 "no", 故 k 不会被算法输出.

第一步运行时间为 $O(n)$, 其余部分的运行时间至多与 $\sum_{i=2}^{n} \frac{n}{i} = n \sum_{i=2}^{n} \frac{1}{i} \leqslant$

[13]　$n\int_1^n \frac{1}{x}dx = n\ln n$ 成比例, 因此算法 1.16 的运行时间是 $O(n\log n)$.　　　　□

　　因为内层循环仅对素数 i 执行 (注意, 总是首先测试 $p[i]$ ="yes" 是否成立), 故实际上运行时间会更小. 由于 $\sum_{p\leqslant n:p\,prime}\frac{1}{p} = O(\log\log n)$(详见 [34]), 所以 Eratosthenes 筛法实际上的运行时间为 $O(n\log\log n)$.

　　此算法可能在 Eratosthenes (约公元前 276—前 194) 之前就已被人们知晓, 其 C++ 实现见程序 1.18. 该算法主要是通过函数 sieve 实现的, 在函数 sieve 中定义了一个 vector 型的变量 is_prime 用来记录每个数是否为素数. 数据类型 vector 在 **C++ 详解 (1.6)** 中有详述.

程序 1.18 (Eratosthenes 筛法)

```cpp
1   // sieve.cpp (Eratosthenes' Sieve)
2
3   #include <iostream>
4   #include <vector>
5
6
7   void write_number(int n)
8   {
9       std::cout << " " << n;
10  }
11
12
13  void sieve(int n)
14  {
15      std::vector<bool>is_prime(n+1,true);//Initializes variables
16
17      for (int i = 2; i <= n; ++i) {
18          if (is_prime[i]) {
19              write_number(i);
20              for (int j = i; j <= n / i; ++j) {
21                  is_prime[i * j] =false;
22              }
23          }
24      }
25  }
```

```
26
27
28  int get_input()
29  {
30      int n;
31      std::cout << "This program lists all primes up to a given
                integer.\n"
32                  << "Enter an integer: ";
33      std::cin >> n;
34      return n;
35  }
36
37
38  int main()
39  {
40      int n = get_input();
41      if (n < 2) {
42          std::cout << "There are no primes less than 2.\n";
43      }
44      else {
45          std::cout << "The primes up to "<< n << "are:";
46          sieve(n);
47          std::cout << ".\n";
48      }
49  }
```

[14]

C++ 详解 (1.6): 抽象数据类型 vector

　　数据类型 vector 用以存储一组同类型的对象, 此数据类型在 C++ 的标准程序库中已有定义, 在插入 #include<vector> 后方可使用. 它使用命令 "std::vector<*datatype*>*vectorname*;" 定义, 此处 *datatype* 为存储在 vector 中的对象类型, *vectorname* 为变量名. 在定义 vector 时, 可以在括号中定义一到两个参数. 第一个参数规定了 vector 初始时需要存储的对象数量, 第二个参数规定了需要存储的对象值. 因此下述定义

　　std::vector<bool> is_prime;

```
std::vector<int> prime_number(100);

std::vector<int> v(1000,7);
```

分别产生一个类型为 bool, 名为 is_prime 的 vector; 一个类型为 int, 名为 prime_number, 有 100 个分量的 vector; 以及一个类型为 int, 名为 v 且有 1000 个初始值为 7 的 vector. 注意: vector 的分量是从 0 开始连续编号的. 因此, 上述的 vector v 包含了 1000 个分量, 其编号为 0 到 999. 若要读取 vector 的第 i 个分量的值, 可以调用命令 $vectorname$[i]. 例如 v[99] 可读取 vector v 的第 100 个分量值.

与此类似的问题还有给定 $n \in \mathbb{N}$, 如何找出 n 的全部素因子. 现实生活中像 RSA 等加密技术是基于假设 "没有高效的算法可以找到给定的数 $n = p \cdot q$ 的因子, 其中 p 和 q 都是大素数", 因而在实践中能以多快的速度求解这个问题至关重要.

1.6 不可计算性

程序 (特别是 C++ 程序) 可以解决大量问题, 但并非能解决所有问题. 本节将证明每种语言 (包括 C++ 程序) 都是可数的. 首先证明下述引理:

引理 1.19 设 $k \in \mathbb{N}$, $l \in \mathbb{N}$, 定义 $f^l : \{0, \cdots, k-1\}^l \to \{0, \cdots, k^l - 1\}$ 如下: 对任意 $w = a_1 \cdots a_l \in \{0, \cdots, k-1\}^l$, 有 $f^l(w) := \sum_{i=1}^{l} a_i k^{l-i}$. 则 f^l 是适定的双射.

证明 对任意 $w \in \{0, \cdots, k-1\}^l$, 有 $0 \leqslant f^l(w) \leqslant \sum_{i=1}^{l}(k-1)k^{l-i} = k^l - 1$, 故 f^l 是适定的.

[15]

下面证明 f^l 是单射. 设 $w, w' \in \{0, \cdots, k-1\}^l$, $w = a_1 \cdots a_l$, $w' = a_1' \cdots a_l'$ 且 $w \neq w'$. 则存在最小的指标 j, $1 \leqslant j \leqslant l$, 满足 $a_j \neq a_j'$. 不失一般性, 设 $a_j > a_j'$, 则下式成立: $f^l(w') = \sum_{i=1}^{l} a_i' k^{l-i} = \sum_{i=1}^{j-1} a_i' k^{l-i} + a_j' k^{l-j} + \sum_{i=j+1}^{l} a_i' k^{l-i}$. 因为 $\sum_{i=1}^{j-1} a_i' k^{l-i} = \sum_{i=1}^{j-1} a_i k^{l-i}$, $a_j' k^{l-j} \leqslant (a_j - 1)k^{l-j}$ 且 $\sum_{i=j+1}^{l} a_i' k^{l-i} \leqslant \sum_{i=j+1}^{l}(k-1)k^{l-i} = k^{l-j} - 1$, 所以 $f^l(w') \leqslant \sum_{i=1}^{j-1} a_i k^{l-i} + (a_j - 1)k^{l-j} + k^{l-j} - 1 = \sum_{i=1}^{j-1} a_i k^{l-i} + a_j k^{l-j} - 1 < f^l(w)$. 故 $f^l(w) \neq f^l(w')$.

由于 $|\{0, \cdots, k-1\}^l| = k^l = |\{0, \cdots, k^l - 1\}|$, 函数 f^l 亦是满射. □

定理 1.20 设 A 为非空有限集合, $l \in \mathbb{N}$, 定义集合 $A^* = A^l$, 则 A^* 是可数的.

证明 设 $f : A \to \{0, \cdots, |A| - 1\}$ 为双射函数, 定义函数 $g : A^* \to \mathbb{N}$ 为 $g(a_1 \cdots a_l) := 1 + \sum_{i=0}^{l-1} |A|^i + \sum_{i=1}^{l} f(a_i)|A|^{l-i}$. 可以证明 g 是单射. 事实上, 由引

理 1.19 知, g 将长为 l 的字集——映射到自然数集合 $\{1+\sum_{i=0}^{l-1}|A|^i,\cdots,\sum_{i=0}^{l}|A|^i\}$ 上. □

推论 1.21 所有 C++ 程序组成的集合是可数的.

证明 C++ 程序是有限字符表上的字, 由于可数集的子集依然是可数集, 由定理 1.20 即可得到结论. □

根据上述结论, 可以证明:

定理 1.22 存在函数 $f:\mathbb{N}\to\{0,1\}$ 不能被任何 C++ 程序计算.

证明 设 $\mathcal{P}$ 为所有能够计算函数 $f:\mathbb{N}\to\{0,1\}$ 的 C++ 程序的集合, 由推论 1.21 知它是可数的. 设 $g:\mathcal{P}\to\mathbb{N}$ 为单射函数, 对任意的 $P\in\mathcal{P}$, 定义 f^P 为由 P 计算的函数.

对每个 $P\in\mathcal{P}$, 考察满足 $f(g(P)):=1-f^Pg(P)$ 的函数 $f:\mathbb{N}\to\{0,1\}$. 由于 g 是单射, 故这样的函数 f 是存在的. 并且对所有的 $P\in\mathcal{P}$, 显然 $f\neq f^P$, 因此不存在 C++ 程序计算 f. □

本质上, 上述过程是 Cantor 用以证明 $\mathbb{R}$ 为不可数集的对角线方法. 由此, 我们还发现可计算的函数实际上是 "稀疏的", 即不可数集中仅存在可数个可数集.

还有一些可具体描述且有趣的不可计算函数实例. 下面介绍最著名的例子. [16]

设 $\mathcal{Q}$ 为所有以自然数为输入的 C++ 程序的集合, $g:\mathbb{N}\to\mathcal{Q}$ 为满射函数. 由推论 1.21 可知, $\mathcal{Q}$ 是可数的, 故存在单射函数 $f:\mathcal{Q}\to\mathbb{N}$. 下面定义函数 g, 满足对于 $Q\in\mathcal{Q}$, $g(f(Q)):=Q$, 且对 $n\notin\{f(Q):Q\in\mathcal{Q})\}$, $g(n):=Q_0$, 其中 Q_0 为 C++ 程序.

定义函数 $h:\mathbb{N}\times\mathbb{N}\to\{0,1\}$, 使得

$$h(x,y)=\begin{cases} 1, & \text{若程序 } g(x) \text{ 输入为 } y, \text{ 运行有限步后终止;} \\ 0, & \text{其他.} \end{cases}$$

此判定问题称作**停机问题**, 函数 h 称作停机函数.

定理 1.23 任何 C++ 程序都不能计算停机函数 h.

证明 反证法: 假设存在可以计算函数 h 的程序 P. 对给定的输入 $x\in\mathbb{N}$, 存在程序 Q 计算函数 $h(x,x)$, 若 $h(x,x)=0$ 则终止; 若 $h(x,x)=1$ 则进入一个无限循环.

设 $q\in\mathbb{N}$ 满足 $g(q)=Q$, 由 h 的定义可知 $h(q,q)=1$ 等价于以 q 为输入时 $g(q)$ 可以有限步终止. 然而由 Q 的构造可知 $h(q,q)=0$ 当且仅当以 q 为输入时 Q 可以有限步终止, 矛盾, 故不存在这样的 P. □

　　显然, 对其他编程语言和一般的算法, 上述定理同样成立. 人们也称停机问题是**不可判定的**.

　　在实际中, 判断程序是否总能终止, 通常不那么容易. 下述算法给出这样的例子:

算法 1.24 (Collatz 序列)

输入: $n \in \mathbb{N}$.

输出: 对于 n, Collatz 序列是否达到 1 的答案.

$$
\begin{aligned}
&\textbf{while } n > 1 \\
&\quad \textbf{if } n \bmod 2 = 0 \\
&\qquad \textbf{then } n \leftarrow n/2 \\
&\qquad \textbf{else } n \leftarrow 3 \cdot n + 1 \\
&\quad\quad \textbf{output } \text{``the Collatz sequence attains the value 1''}
\end{aligned}
$$

[17]

　　至今, 尚不清楚此算法是否总能终止. 该问题被称作 Collatz 问题. 程序 1.25 为相应的 C++ 实现.

程序 1.25 (Collatz 序列)

```cpp
1   // collatz.cpp (Collatz Sequence)
2
3   #include <iostream>
4
5   using myint = long long;
6
7   myint get_input()
8   {
9       myint n;
10      std::cout << "This program computes the Collatz sequence for
            an "
11              << "integer.\n" << "Enter an integer: ";
12      std::cin >> n;
13      return n;
14  }
15
16
```

```
17  int main()
18  {
19      myint n = get_input();
20      while (n > 1) {
21          std::cout << n << "\n";
22          if (n % 2 == 0) {
23              n = n / 2;
24          }
25          else {
26              n = 3 * n + 1;
27          }
28      }
29      std::cout << n << "\n";
30  }
```

在程序 1.25 中, 为了存储更大的整数, 使用数据类型 long long 代替 int (且用指令 using 将它缩写为 myint). 为了找到所能表达的尽可能大的数值, 可利用定义在 <limits> 中的函数 std::numeric_limits<myint>::max(). 其值取决于使用的编译器, 但通常为 $2^{63} - 1$.

使用 long long 数据类型时, 须避免数据超出可表示的范围, 而导致所谓的溢出. 下章将介绍如何表示更大的数.

程序 1.25 的第 20~28 行使用了 C++ 中的新元素, 也就是 while 命令. 这在 **C++ 详解 (1.7)** 中有解释. [18]

> **C++ 详解 (1.7): while 命令**
>
> while 命令的形式: while (条件) {指令块}. 判别条件, 当结果返回 true, 执行指令块中的指令; 当结果返回 false, 执行指令块下方的程序代码. 只要条件值返回 true, 则重复上述步骤; 条件值返回 false, 则停止循环. 另一种形式是 do while 命令: do {指令块} while {条件}; 与 while 命令运行方式类似, 区别在于指令块在条件判定前已经执行.

对于不超过 $5 \cdot 2^{60}$ 的数, 实验结果表明 Collatz 序列都是有限的, 故上述程序针对此类输入能够终止 [27]. [19]

第二章

整数的表示方法

计算机通过二进制数 (0 或 1) 存储信息, 一个字节由 8 个二进制位组成. 假设所有的自然数可存储在 int 型数据中, 但实际上一个 int 型变量通常对应 4 字节序列, 故只能存储不超过 2^{32} 个不同的数字. 本章阐述整数的存储方式.

2.1 自然数的 b 进制表示法

自然数以二进制表示形式存储在计算机中, 类似于十进制的表示方法, 例如:

$$106 = 1 \cdot 10^2 + 0 \cdot 10^1 + 6 \cdot 10^0$$
$$= 1 \cdot 2^6 + 1 \cdot 2^5 + 0 \cdot 2^4 + 1 \cdot 2^3 + 0 \cdot 2^2 + 1 \cdot 2^1 + 0 \cdot 2^0,$$

其二进制表示为 1101010. 除了 10 和 2, 也可选择其他自然数 $b \geqslant 2$ 为基数:

定理 2.1 令 $b \in \mathbb{N}, b \geqslant 2, n \in \mathbb{N}$, 则存在唯一 $l \in \mathbb{N}$ 和 $z_i \in \{0, \cdots, b-1\}$, $i = 0, \cdots, l-1$, 且 $z_{l-1} \neq 0$, 有

$$n = \sum_{i=0}^{l-1} z_i b^i.$$

字符串 $z_{l-1} \cdots z_0$ 称为 n 的 b 进制表示; 也记作 $n = (z_{l-1} \cdots z_0)_b$. 此时 $l - 1 = \lfloor \log_b n \rfloor$ 恒成立.

[21]

数学归纳

为了证明论述 $A(n)$ 对所有 $n \in \mathbb{N}$ 都成立, 可通过证明 $A(1)$ 成立 (初始步), 且对所有 $i \in \mathbb{N}$, $A(i)$ 成立蕴含着 $A(i+1)$ 成立 (归纳步). 其中, 归纳步的论述 $A(i)$ 称为归纳假设. 上述方法称为 (数学) 归纳法.

更一般地, 设 M 为任意集合, 为了证明论述 $A(m)$ 对所有 $m \in M$ 都成立, 可通过定义函数 $f: M \to \mathbb{N}$, 并证明对任意 $m \in M$, 论述 "$A(m)$ 不成立" 蕴含着存在 $m' \in M$ 满足 $f(m') < f(m)$ 使得 $A(m')$ 也不成立. 上述方法称为对函数 f 的归纳法.

证明 容易得到最后的等式: 若 $n = \sum_{i=0}^{l-1} z_i b^i$, 其中 $z_i \in \{0, \cdots, b-1\}$, $i = 0, \cdots, l-1$, 且 $z_{l-1} \neq 0$, 则 $b^{l-1} \leqslant n \leqslant \sum_{i=0}^{l-1}(b-1)b^i = b^l - 1$, 从而 $\lfloor \log_b n \rfloor = l-1$. 由引理 1.19可保证 b 进制表示的唯一性.

下面通过对 $l(n) := 1 + \lfloor \log_b n \rfloor$ 归纳证明存在性; 参见**数学归纳**. 若 $l(n) = 1$, 即 $n \in \{1, \cdots, b-1\}$, 则 n 可表示为 $n = \sum_{i=0}^{0} z_i b^i$, 其中 $z_0 = n$.

接下来证明 $l(n) \geqslant 2$ 的情形. 定义 $n' := \lfloor n/b \rfloor$, 则 $l' := l(n') = l(n) - 1$. 由归纳假设知 n' 可表示为 $n' = \sum_{i=0}^{l'-1} z_i' b^i$, 其中 $z_i' \in \{0, \cdots, b-1\}$, $i = 0, \cdots, l'-1$, 且 $z_{l'-1}' \neq 0$. 定义 $z_i := z_{i-1}'$, $i = 1, \cdots, l'$, 以及 $z_0 := n \bmod b \in \{0, \cdots, b-1\}$, 则有

$$n = b\lfloor n/b \rfloor + (n \bmod b) = bn' + z_0 = b \cdot \sum_{i=0}^{l'-1} z_i' b^i + z_0 = \sum_{i=1}^{l'} z_{i-1}' b^i + z_0 = \sum_{i=0}^{l-1} z_i b^i. \quad \square$$

给定数字的 b 进制表示 $(z_{l-1} \cdots z_0)_b$, 为节省乘法步骤, 可用 Horner 算法得到十进制表示:

$$\sum_{i=0}^{l-1} z_i \cdot b^i = z_0 + b \cdot (z_1 + b(z_2 + \cdots + b(z_{l-2} + b \cdot z_{l-1}) \cdots)).$$

另一方面, 对任意基数 b, 定理 2.1的证明蕴含着获得数字 $z \in \mathbb{N}$ 的 b 进制表示的算法. 当 $2 \leqslant b \leqslant 16$ 时, 该算法的 C++ 实现由程序 2.2给出. 除了二进制表示 [22] ($b = 2$) 外, 八进制表示 ($b = 8$) 和十六进制表示 ($b = 16$) 在某些传统场景下也起着重要作用. 当基数 $b > 10$ 时, 用字母 A, B, C, $\cdots$ 表示大于 9 的数字.

程序 2.2 (进制转换)

```
1  // baseconv.cpp (Integer Base Converter)
2
3  #include <iostream>
```

```
 4  #include <string>
 5  #include <limits>
 6
 7  const std::string hexdigits = "0123456789ABCDEF";
 8
 9  std::string b_ary_representation(int base, int number)
10  //returns the representation of "number" with base "base",
        assuming 2<=base<=16.
11  {
12     if (number > 0) {
13        return b_ary_representation(base, number / base)+hexdigits
              [number % base];
14     }
15     else {
16        return "";
17     }
18  }
19
20
21  bool get_input(int & base, int & number)   //call by reference
22  {
23     std::cout << "This program computes the representation of a
              natural number"
24           <<" with respect to a given base.\n"
25           << "Enter a base among 2,...,"<< hexdigits.size()
                 << " : ";
26     std::cin >> base;
27     std::cout << "Enter a natural number among 1,...,"
28           << std::numeric_limits<int>::max() << ":";
29     std::cin>> number;
30     return (base > 1) and (base <= hexdigits.size()) and (number
              > 0);
31  }
32
```

```
33
31   int main()
35   {
36       int b, n;
37       if (get_input(b, n)) {
38           std::cout << "The " << b << "-ary representation of " << n
39                     << " is " << b_ary_representation(b, n)<<".\n";
40       }
41       else std::cout << "Sorry, wrong input.\n";
42   }
```

程序 2.2 使用了 C++ 标准程序库中的数据类型 string. 在 **C++ 详解 (2.1)** 中给出使用此数据类型的更多介绍.

[23]

> **C++ 详解 (2.1): String**
>
> 使用 C++ 标准库中的 string 型数据, 须用 #include <string> 包含相关部分. string 型变量 s 可用 std::string s; 语句来定义. 在定义 string 型变量时既可直接赋值 (如程序 2.2第 7 行所示), 也可将给定数目的字符赋值给 string 型变量. 例如,
>
> std::string s(10,'A');
>
> 定义了值为 "AAAAAAAAAA" 的 string 型变量 s. 调用命令 s[i] 可访问 string 型变量 s 的第 i 位字符. 注意, string 型变量的第一个字符是第 0 位. 函数 s.size() 返回字符串 s 包含的字符数目. 表达式 s1+s2 是将字符串 s2 连接到 s1 后面所生成的字符串.

程序 2.2 中首次出现了调用自身的函数, 称之为递归函数. 递归函数使得程序代码更简洁, 但必须注意递归深度 (即嵌套函数的最大调用次数) 是有限的. 若 int 型数据的最大可表示数是 $2^{31}-1$, 则调用次数不超过 32. 函数 b_ary_representation 还可以非递归实现, 参见如下程序代码:

```
1   std::srting b_ary_representation(int base, int number)
2   // returns the representation of "number" with base "base",
        assuming 2<=base<=16.
3   {
4       std::string result = "";
5       while (number > 0) {
```

```
6        result = hexdigits[number % base] + result;
7        number = number / base;
8    }
9    return result;
10 }
```

与分配给新局部变量 ("值调用") 的方式不同, 函数 `get_input` 通过将前缀 `&` 赋给函数 `main` 中定义的变量 ("引用调用") 的方式来分配变量. 因此函数 `get_input` 没有属于自身的变量 (私有变量). 函数 `main` 中定义的两个变量 b 和 n 在函数 `get_input` 中分别用新名称 `base` 和 `number` 表示.

程序 2.2 第 7 行定义了位于所有函数之外的 `string` 型变量 `hexdigits`, 称 [24] 为**全局变量**, 它能被程序中的三个函数识别. 为了防止意外更改, 变量被赋予前缀 `const`, 从而被定义为**常值**.

在 C++ 中, 数字的八或十六进制表示可通过语句 `std::oct` 或 `std::hex` 实现. 例如, 命令 `std::cout<<std::hex;` 输出数字的十六进制表示, 命令 `std::dec` 输出十进制表示.

2.2　漫谈: 主存储器的组织

程序 2.2 作为示例阐明了操作系统分配给运行程序的计算机主存储器的组织结构, 其中每个字节通常有一个用十六进制表示的地址.

程序运行时, 主存储器的可用部分包含: "代码" "静态" "栈" 和 "堆" 四部分 (详见图 2.1, 更多细节取决于处理器和操作系统).

代码的部分包含程序自身, 它以源代码通过编译器生成机器代码的形式给出, 并且被划分为各种功能的程序代码.

在 "栈" 中, 每次调用函数时都为非 void 类型结果和函数的局部变量 (包括其参数) 在栈 "顶部" 保留位置. 而对于 "引用调用" 分配的变量, 不会创建新变量, 仅记录分配变量的存储地址. 运行程序时, 处理器总记录两个地址, 一是代码当前的执行点, 二是栈中存储当前执行函数范围的起始位置. 若函数为递归的, 则每次调用都会在栈中分配新的位置.

每个函数 (除了 main) 均会存储两个返回地址, 分别在代码中和栈中. 故函数调用完毕后, 程序知道从哪里以及用哪些变量继续运行, 随后释放函数在栈中的空间以便重复利用.

其他 "空闲内存" 称为堆, 若在程序运行时不清楚所需空间, 则可以先存储在堆中. 例如, 存储于 `vector` 或 `string` 型的数据会存储在堆的一部分中. 然而, 在栈中总有一个对应的普通变量, 它包含堆中存放数据部分的起始位置的存储地址. 这

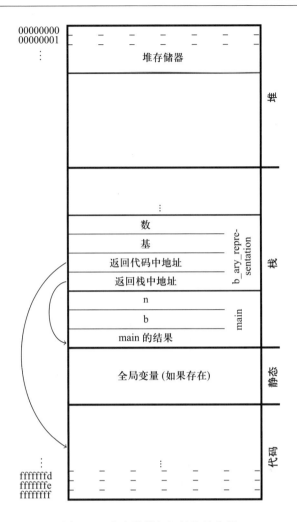

图 2.1   主存储器组织结构的实例

样的变量称为指针.

静态部分包含所有的全局变量 (尽量避免使用这类变量).

存储器中的内容开始时并未初始化, 故不能确定未初始化时的变量值, 也不影响栈或者堆中存储地址的选择. 变量 x 的地址记为 &x. 若 p 是指针, 则 *p 表示保存在存储地址 p 处变量的内容.   [25]

通过引用调用传递给函数的变量值可以被函数更改, 但变量存储地址显然不能被函数更改. 若不想更改该值, 建议增加前缀 const 作为注释, 以防止意外更改.   [26]

2.3 整数的 b 进制补码表示

人们习惯于在数字之前加上 "−" 号来表示负数. 在计算机中, 第一个位置表示符号位. 0 表示符号 "+", 1 表示符号 "−", 称之为符号表示.

例 2.3 考虑四位二进制表示, 其中第一位表示符号. 数字 +5 的二进制表示为 0101, 而 −5 的二进制表示为 1101. 再如:

$$0 \text{ 的二进制表示为 } 0000 \qquad -0 \text{ 的二进制表示为 } 1000$$
$$1 \text{ 的二进制表示为 } 0001 \qquad -1 \text{ 的二进制表示为 } 1001$$
$$\vdots \qquad\qquad\qquad \vdots$$
$$7 \text{ 的二进制表示为 } 0111 \qquad -7 \text{ 的二进制表示为 } 1111.$$

上述表示方法的缺陷是 0 有两种表示方式. 更严重的缺陷是, 在进行加法运算时需要区分情况, 不能简单地按照二进制表示法相加, 例如下述反例: 0010 和 1001 相加的结果应当是 0001.

标准数据类型不使用上述表示方法, 而使用二进制补码: 给定负数 $z \in \{-2^{l-1}, \cdots, -1\}$, 二进制补码表示为 $z + 2^l$, 其中 l 是占用的位数.

例 2.4 按照上述表示方法, 有:

$$0 \text{ 的二进制补码表示为 } 0000 \qquad -8 \text{ 的二进制补码表示为 } 1000$$
$$1 \text{ 的二进制补码表示为 } 0001 \qquad -7 \text{ 的二进制补码表示为 } 1001$$
$$\vdots \qquad\qquad\qquad \vdots$$
$$7 \text{ 的二进制补码表示为 } 0111 \qquad -1 \text{ 的二进制补码表示为 } 1111.$$

此时, 0010 (表示数字 2) 与 1001(表示数字 −7) 相加结果是 1011, 表示数字 −5.

在推广以 $b \geqslant 2$ 为基数的补码表示方法之前, 需要先定义 b 进制补码:

定义 2.5 给定自然数 l 和 $b \geqslant 2$, $n \in \{0, \cdots, b^l - 1\}$, 称 $K_b^l(n) := (b^l - n) \bmod b^l$ 为 n 的 l 位 b **进制补码**.

[27] K_2 称作二进制补码, K_{10} 称作十进制补码.

引理 2.6 给定自然数 l 和 $b \geqslant 2$, $n = \sum_{i=0}^{l-1} z_i b^i$, 其中 $z_i \in \{0, \cdots, b-1\}$, $i = 0, \cdots, l-1$. 则有下述结论:

(i) 若 $n \neq b^l - 1$, 则 $K_b^l(n+1) = \sum_{i=0}^{l-1}(b-1-z_i)b^i$; 特别地, 有 $K_b^l(0) = 0$;

(ii) $K_b^l(K_b^l(n)) = n$.

证明 由定义 2.5 可知 $K_b^l(0) = 0$. 当 $n \in \{0, \cdots, b^l - 2\}$ 时, 有 $K_b^l(n+1) = b^l - 1 - \sum_{i=0}^{l-1} z_i b^i = \sum_{i=0}^{l-1}(b-1)b^i - \sum_{i=0}^{l-1} z_i b^i = \sum_{i=0}^{l-1}(b-1-z_i)b^i$. 结论 (i) 成立.

由 (i) 可得 $K_b^l(K_b^l(0)) = 0$. 当 $n > 0$ 时, $K_b^l(n) = b^l - n > 0$, 故 $K_b^l(K_b^l(n)) = b^l - (b^l - n) = n$. 结论 (ii) 成立. $\qquad\square$

例 2.7 正数的 b 进制补码可由引理 2.6(i) 计算得到: 先减去 1 然后逐位计算与 $b - 1$ 的差, 例如:

$$K_2^4((0110)_2) = (1010)_2 \qquad K_{10}^4((4809)_{10}) = (5191)_{10}$$
$$K_2^4((0001)_2) = (1111)_2 \qquad K_{10}^4((0000)_{10}) = (0000)_{10}.$$

定义 2.8 给定自然数 l 和 $b \geqslant 2$, $n \in \{-\lfloor b^l/2 \rfloor, \cdots, \lceil b^l/2 \rceil - 1\}$, 则可在 n 的 b 进制表示 $(n \geqslant 0)$ 或者 $K_b^l(-n)$ 的 b 进制表示 $(n < 0)$ 前添加一定数量的 0 使其成为 l 位数, 称其为 n 的 l 位 b **进制补码**.

b 进制补码的最大优点是可以不区分情况来进行计算, 如下述定理所示.

定理 2.9 给定自然数 l 和 $b \geqslant 2$, $Z := \{-\lfloor b^l/2 \rfloor, \cdots, \lceil b^l/2 \rceil - 1\}$. 函数 $f : Z \to \{0, \cdots, b^l - 1\}$ 定义为

$$z \mapsto \begin{cases} z, & \text{当 } z \geqslant 0; \\ K_b^l(-z), & \text{当 } z < 0. \end{cases}$$

则 f 是双射, 且对任意 $x, y \in Z$ 有:

(a) 若 $x + y \in Z$, 则 $f(x + y) = (f(x) + f(y)) \mod b^l$;

(b) 若 $x \cdot y \in Z$, 则 $f(x \cdot y) = (f(x) \cdot f(y)) \mod b^l$.

证明 对于 $z \in Z$, 有 $f(z) = (z + b^l) \mod b^l$. 因为 $|Z| = b^l$, 所以 f 是双射. 设 $x, y \in Z$, $p, q \in \{0, 1\}$ 满足 $f(x) = x + pb^l$, $f(y) = y + qb^l$, 则有:

(a) $f(x+y) = (x+y+b^l) \mod b^l = ((x+pb^l)+(y+qb^l)) \mod b^l = (f(x)+f(y)) \mod b^l$.

(b) $f(x \cdot y) = (x \cdot y + b^l) \mod b^l = ((x + pb^l) \cdot (y + qb^l)) \mod b^l = (f(x) \cdot f(y)) \mod b^l$. $\qquad\square$

[28]

在计算机中, 二进制补码表示可用于存储整数. 在上述表示形式下, 首位为 1 当且仅当所表示的数是负数, 所用的位数 l 基本为 2 的幂或 8 的倍数, 例如 `int` 型数据. 通常 $l = 32$ 能表示 $\{-2^{31}, \cdots, 2^{31} - 1\}$ 范围内的所有整数.

划分和等价关系

给定集合 S, S 上的**划分**是指一系列非空、两两不交的子集且所有子集的并为 S. 例如, 集合 $\{1, 2, 3\}$ 有五种不同的划分.

若对任意 $a, b, c \in S$ 都满足下述条件, 则关系 $R \subseteq S \times S$ 称为 S 上的**等价关系**:

- $(a, a) \in R$ (反身性);

- $(a, b) \in R \Rightarrow (b, a) \in R$ (对称性);

- $((a, b) \in R \wedge (b, c) \in R) \Rightarrow (a, c) \in R$ (传递性).

对于集合 S 上的任意等价关系 R, 集合 $\{\{s \in S : (a, s) \in R\} : a \in S\}$ 是 S 的划分; 其组成元素称为 R 的**等价类**. 反之, 集合 S 的任意划分 $\mathcal{P}$ 可导出 S 上的等价关系 $R := \{(a, b) \in S \times S : \exists P \in \mathcal{P}, 满足\ a, b \in P\}$.

例如, "$=$" 作为 $\mathbb{R}$ 上的等价关系, 等价类只含一个元素. 对每个 $k \in \mathbb{N}$, $\mathbb{Z}$ 上的关系 $R_k := \{(x, y) \in \mathbb{Z} \times \mathbb{Z} : k$ 整除 $|x - y|\}$ 定义了恰有 k 个 (无限) 等价类的不同等价关系. R_k 的等价类构成的集合通常记作 $\mathbb{Z}/k\mathbb{Z}$, 称为 $\mathbb{Z}$ 模 k 的剩余类环.

若忽略了规定范围 Z 之外的数字 (或总做模 b^l 运算), 则可类似于 b 进制表示法使用 b 进制补码表示. 这两种情形中, 均使用剩余类环 $\mathbb{Z}/b^l\mathbb{Z}$ 中的元素; 详见**划分和等价关系**. 两种表示方式的等价类代表元可以不同.

相较于之前测试首位的减法, 此处减法可以归结为加法.

早在 17 世纪, 机械计算器的设计者们就开始使用 b 进制补码表示法. 波恩大学的算术博物馆中收藏了全世界最大规模之一的机械计算器, 供人们参观.

[29]

编程时必须注意: 超出规定范围的数字通常不能被自动拦截. 如有必要, 可通过预先测试来检查是否会发生 (通常是不希望出现的) 溢出.

下表列出了 C++ 中最重要的整型数据类型. 数字由二进制补码表示, 所以可以表示的最小或最大数字由所占用的数位表示.

数据类型	字节数 (gcc 6.1.0 Windows 10)	字节数 (gcc 6.1.0 CentOS 7)
short	16	16
int	32	32
long	32	64
long long	64	64

数据类型或变量所占的字节数可分别用 sizeof (*Datatype*) 或者 sizeof *Variable* 确定, 输出 size_t 型的结果, size_t 型能够存储超大规模的非负整数. 因此不必事先假设字节数, 例如假设 int 占 4 个字节.

标准数据类型仅能存储一定范围内的整数, 这样通常会产生问题: 例如在 Collatz 序列中, 即使输入很小的数, 也会导致超过 2^{64} 的数字出现 (详见程序 1.25). 若不终止这种情况, 运算通常都会以模 2^l 的方式继续运行, 其中 l 为数据类型的数位.

2.4 有理数

有理数可以通过为分子分母分配单独的变量来储存. 由此在 C++ 中定义了一个类, 用于定义新的数据类型. 类的概念是 C++ 中最重要的组成部分, 本节将对其做进一步讨论.

类允许使用变量来存储数据, 并提供能够处理这些数据的函数. 它还可定义数据类型和常量. 最重要的是, 类可以明确区分内部数据管理和外部接口. 程序 2.10 包含两个文件: 文件 fraction.h 定义了适合存储有理数的类 Fraction; 程序 harmonic.cpp 是使用该类的示例, 其使用方法与标准数据类型相似.

类的每个成员或者是 public, 或者是 private: public 部分包含外部接口; private 部分包含数据 (本节为有理数的分子和分母), 也可能包含 public 函数的 [30] 子函数, 该子函数不允许从外部访问. 所有 private 部分都不能直接从外部访问, 这有助于避免出现程序错误.

类包含四种函数:

- 构造函数, 用以生成类中的对象. 它类似于标准数据库中变量的声明 (或初始化) 方式. 构造函数总是和类同名. 文件 fraction.h 的第 9~12 行定义了 (单个) 构造函数. 若没有定义构造函数, 编译器将定义一个标准构造函数来初始化属于该类的对象.

- 析构函数, 当类中对象的使用期终结时会调用此函数, 其作用类似于函数中的变量在函数终结时被撤销. 程序 2.10 没有明确定义析构函数 (若有, 应记为 ~ Fraction), 故编译器会构建标准析构函数来实现该功能.

- 拷贝构造函数, 总在类中现有对象上进行操作, 且只能在与对象连接的情况下被调用. 它既可改变对象 (如 reciprocal ()), 也可不改变对象 (如 numerator ()); 在第二种情况中, 应在声明后写上 const, 否则其运行方式与一般函数无异.

- 运算符, 既可预定义标准数据类型, 又可定义新的类 (如 < 和 +). 除了专用名及更简单的调用方式之外, 运算符的运行方式类似于函数 (参见 harmonic.cpp 的第 16 行).

　　与其他函数类似, 除在类中相关联的对象之外, 运算符也可以被分配给同一类中的其他对象作为参数, 由此在该类中生成新的对象. 它们的数据和函数也可以用 "." 访问. 参见程序中 addition 部分.

　　构造函数和析构函数可用不同的方式显式或隐式调用. 例如 harmonic.cpp 的 14 和 16 行显式调用构造函数, fraction.h 的第 44~46 行隐式调用构造函数.

程序 2.10 (有理数和调和数)

```
1   // fraction.h (Class Fraction)
2
3   #include <stdexcept>
4
5   class Fraction {
6   public:
7      using inttype = long long;
8
9      Fraction(inttype n,inttype d):_numerator(n),_denominator(d)
10     {  // constructor
11        if (d < 1) error_zero();
12     }
13
14     inttype numerator() const          // return numerator
15     {
16        return _numerator;
17     }
18
19     inttype denominator() const        // return denominator
20     {
21        return _denominator;
22     }
23
24     void reciprocal()                  // replace a/b by b/a
25     {
26        if (numerator() == 0) {
27           error_zero();
28        } else {
```

[31]

```
29          std::swap(_numerator, _denominator);
30          if (denominator() < 0) {
31              _numerator =-_numerator;
32              _denominator=-_denominator;
33          }
34      }
35  }
36
37  bool operator<(const Fraction & x) const //comparison
38  {
39      return numerator() * x.denominator() < x.numerator() *
             denominator();
40  }
41
42  Fraction operator+(const Fraction & x) const //addition
43  {
44      return Fraction(numerator() * x.denominator() +
                     x.numerator() * denominator,
                     denominator() * x.denominator());
47  }
48
49  // further operations may be added here
50
51 private:
52      inttepy _numerator;
53      inttype _denominator;
54
55      void error_zero()
56      {
57          throw std::runtime_error("Denominator < 1 not allowed in
                 Fraction.");
58      }
59 };
```

```
//harmonic.cpp (Harmonic Numbers)
```

```
2
3    #include <iostream>
4    #include <stdexcept>
5    #include "fraction.h"
6
7    int main()
8    {
9    try {
10       std::cout <<"This program computes H(n)=1/1+1/2+1/3+...+1/n.
            \n"
11                <<"Enter an integer n: ";
12       Fraction::inttype n;
13       std::cin >> n;
14       Fraction sum(0,1);
15       for(Fraction::inttype i = 1; i <= n; ++i) {
16           sum = sum + Fraction(1,i);
17       }
18       std::cout << "H(" << n << ") = "
19                <<sum.numerator() << "/" << << sum.denominator() <<
                    "="
20                <<static_cast<double>(sum.numerator()) / sum.
                    denominator() << "\n";
21   }
22   catch(std::runtime_error e) {
23       std::cout << "RUNTIME ERROR: " << e.what() << "\n.";
24       return 1;
25   }
26   }
```

[32]

输出运算符 << 也可以重新定义. 例如, 在 harmonic.cpp 的第 19 行用 <<
sum 代替输出. 注意, 此处 << 的第一个运算数是 ostream 类型的. 因此, 新的运算
符不能定义在类 Fraction 中, 它必须以普通函数的形式定义在 Fraction 之外.
参见如下代码:

```
1    // output operator for class Fraction
2
```

```
3   std::ostream & operator<<(std::ostream & os, const Fraction & f)
4   {
5       os << f.numerator() << "/" << f.denominator();
6       return os;
7   }
```

程序 2.10 提供了示例, 说明如何处理程序运行时发生的错误. 此处使用了所谓的 exceptions(详细介绍见 **C++ 详解 (2.2)**). 文件 fraction.h 的第 29 行使用了交换两个指定变量内容的 swap 函数.

> ## C++ 详解 (2.2): try-catch 处理错误
>
> 程序运行过程中会出现这类错误: 发现代码出错时不能及时处理. 程序运行中的典型错误有: 除数为 0 或者 int 型变量溢出. C++ 错误处理机制的思想是: 编程代码发现错误时, 会将错误报告给能处理错误的代码. C++ 标准程序库的头文件 stdexcept 中定义了各种处理错误的机制. 程序开头必须使用命令 #include <stdexcept>. 当出现运行时间出错时, C++ 会抛出以下程序代码:
>
>   throw std::runtime_error (*error_message*);
>
> 其中 *error_message* 是描述相关错误的字符串, 参见 fraction.h 的第 57 行. 由 throw 引用的运行错误可以用 try-catch 结构来处理, 一般形式为:
>
>   try {*subprogram*} catch (std::runtime_error e) {*error handling*}
>
> 程序 harmonic.cpp 的 9~25 行提供了实例. 如果抛出所引用的错误发生在 *subprogram* 中, 则终止 *subprogram* 并运行一个测试, 以确定是否有 catch 命令匹配错误类型, 如果有, 则执行 *error handling*. 在 stdexcept 中, 除了 rumtime_error 外还有几种其他类型的错误, 它们有一个共性: 可利用.what() 访问存储在指令 throw 中的错误信息.
>
> 一旦执行 throw 命令, 程序就继续运行匹配 throw 命令中处理错误的部分. 若无相应的 catch 命令匹配, 则程序会递归地返回调用函数的结果, 直至找到匹配的 catch 命令. 若调用的函数都不包含匹配的 throw 命令, 则程序就会终止.

[33]

程序 harmonic.cpp 的第 20 行给出了整数转换为 double 数据类型的过程. 通常可以利用 static_cast<*Datatype*>(*Expression*) 将表达式结果转化为其他数据类型.

Fraction 类尚未真正地实现: 虽然可以拦截分母为零的情况, 但是直到现在, 对于 inttype 范围溢出的情况还不能处理. 这种溢出可以很快发生, 例如程序 harmonic.cpp 仅当 $n \leqslant 20$ 时才能正确运行.

人们能够并且应当减少所有出现的小数, 下章将会专门讨论该问题. 即便如此也不能完全阻止溢出. 人们可以使用 throw 拦截溢出, 如果分子和分母可以任意大, 则拦截效果会更好.

2.5   任意大整数

本节探讨一种类的结构, 该类用于表示任意大整数. 严格来说, 程序必须提供所有的标准算术运算符、比较运算符, 以及标准数据类型 (如 int 型). 简单起见, 仅考虑运算符 +, + =, < 以及输出函数. += 运算符可以用来给出表达式 a=a+b 的简化形式 a+=b.

为清晰起见, 将程序 2.11 分成三部分. 其中, 文件 largeint.h 和 largeint.cpp 定义了一个新的类称为 LargeInt.

文件 largeint.h 包含了类的声明 (包含 public 和 private 部分). 文件 largeint.cpp 包含了属于此类的所有函数实现. 当类的内容特别多时, 比较常见和实用的做法是将其分为头文件和实现文件.

[34]

在类 LargeInt 中, 由 vector 创建的对象 _v 能存储任意大自然数, 其中, vector 的每个分量对应数字的十进制数位. 常量 string 创建的对象称为 digits, 用来表示数值变化, 然而, 并不是所有 LargeInt 型对象都要包含 string 的副本, 为确保在类中所有对象只存储一次 digits, 必须增加前缀 static. 类中 static 变量的初始化必须在类外部进行, 例如程序 largeint.cpp 的第 5 行. 因此用户在调用类时, 无需了解所有细节. 从外部访问只能实现以下功能:

- 利用构造函数可以创建 LargeInt 类型新变量, 其参数为要存储的数字. 构造函数会自动调用类中变量的构造函数, 参见 largeint.cpp 第 7 行的 vector.

- 函数 decimal 以 string 形式输出数字的十进制表示.

- 实现比较运算 <, 并检测所存储的数值是否小于参数传入数值.

- 实现运算 +=, 将其应用于实现运算符 +. 这可以用来处理 LargeInt 类型的数值相加.

程序 2.11 (任意大整数)

```
1    // largeint.h (Declaration of Class LargeInt)

2

3    #include <vector>

4    #include <string>
```

```
class LargeInt {
public:
    using inputtype = long long;

    LargeInt(inputtype);                          // constructor
    std::string decimal() const; // decimal representation
    bool operator<(const LargeInt &) const;   // comparison
    LargeInt operator+(const LargeInt &) const; // addition
    const LargeInt & operator+=(const LargeInt &); // addition

private:
    std::vector<short> _v; //store single digits, last digit in
        _v[0]
    static const std::string digits;
};
```

```
// largeint.cpp(Implementation of Class LargeInt)

#include "largeint.h"

const std::string LargeInt::digits = "0123456789";

LargeInt::LargeInt(inputtype i) // constructor, calls constructor
        of vector                                              [35]
{
    do {
        _v.push_back(i % 10);
        i /= 10;
    } while (i > 0);
}


std::string LargeInt::decimal() const // returns decimal
```

```
      representation
17    {
18        std::string s("");
19        for (auto i : _v) {    // range for statement: i runs over all
20            s = digits[i] + s; // elements of _v
21        }
22        return s;
23    }
24
25
26    bool LargeInt::operator<(const LargeInt & arg) const // check if
          < arg
27    {
28        if (_v.size() == arg._v.size()) {
29          auto it2 = arg._v.rbegin();
30          for (auto it1 = _v.rbegin(); it1 !=_v.rend(); ++it1, ++it2)
              {
31              if (*it1 < *it2) return true;
32              if (*it1 > *it2) return false;
33          }
34          return false;
35        }
36        return _v.size() < arg._v.size();
37    }
38
39
40    LargeInt LargeInt::operator+(const LargeInt & arg) const //
          addition
41    {
42        LargeInt result(*this);
43        result += arg;
44        return result;
45    }
46
```

```
47
48  const LargeInt & LargeInt::operator+=(const LargeInt & arg) //
        addition
49  {
50      if (arg._v.size() > _v.size()) {
51          _v.resize(arg._v.size(), 0);
52      }
53      auto it1 = _v.begin();
54      for (auto it2 = arg._v.begin(); it2 != arg._v.end(); ++it2,
            ++it1) {
55          *it1 += *it2;
56      }
57      short carry = 0;
58      for (auto & i : _v) {
59          i += carry;
60          carry = i / 10;
61          i %= 10;
62      }
63      if (carry != 0) _v.push_back(carry);
64      return *this;
65  }


1   // factorial.cpp (Computing n! by Addition)
2
3   #include <iostream>
4   #include <limits>
5   #include "largeint.h"
6
7
8   LargeInt factorial(LargeInt::inputtype n)
9   // computes n! warning, slow: runtime O(n^3 log n)
10  {
11      LargeInt result(1);
12      for (LargeInt::inputtype i = 2; i <= n; ++i){
13          LargeInt sum(0);
```

[36]

```
14        for (LargeInt::inputtype j = 1; j <=i; ++j) {
15            sum += result;
16        }
17        result = sum;
18    }
19    return result;
20 }
21
22
23 int main()
24 {
25    LargeInt::inputtype n;
26    std::cout << "This program computes n!, for a natural number
          n up to "
27                << std::numeric_limits<LargeInt::inputtype>::max()
                    << "\n"
28                << "Enter a natural number n: ";
29    std::cin >> n;
30    std::cout << n << "! = " << factorial(n).decimal() << "\n";
31 }
```

LargeInt 的构造函数通过采用指令 _v.push_back 逐步将添加元素到
vector_v 的末尾. 在 largeint.cpp 的第 50~51 行, 定义了两个新的 vector
函数, 其中 size() 返回包含在 vector 中的元素个数. 调用 resize 能够改变
vector 的大小, 该函数的第一个参数表示元素的数量, 第二个 (可选的) 参数表示
resize 引进的新元素初始值集合.

两个 LongInt 数据的加法和比较, 需要遍历与 vector 相关的全部元素. 可
通过索引访问 vector 中不同元素来实现. 然而一般的方法是基于所谓的迭代器
[37] 来实现, 详细介绍参见 C++ 详解 (2.3).

C++ 详解 (2.3): 迭代器和基于范围的 for
    除了抽象数据类型 vector, C++ 标准程序库还提供了若干所谓的容器类型
vector. 利用索引操作符 [] 可以访问 vector 中的元素, 但是对于容器类型不
是必需的. 为了编写尽可能独立于已用容器类型的代码, 可通过迭代器访问容器
中的元素. 函数 begin() 产生指向容器中第一个元素的迭代器, 函数 end() 产

生指向容器中最后一个元素的下一个位置的迭代器. largeint.cpp 的第 53 行定义了 auto 类型的迭代器 it1, 用于接受 _v.begin() 的赋值. 关键字 auto 命令编译器通过指定数值独立地查找匹配类型, 利用 ++ 和 -- 增加或减少迭代器, 从而分别指向下一个或者前一个元素. 若使用函数 rbegin() 和 rend() 代替 begin 和 end, 可利用 ++ 逆序遍历容器中的所有元素, 参见 largeint.cpp 的第 30 行. 使用 *iter 可以获取迭代器 iter 指向的当前元素.

遍历容器中所有元素的编程需求屡见不鲜, C++ 标准库为此提供了特殊版本的 for 命令, 称为基于范围的 for 命令. 例如, largeint.cpp 的第 19~21 定义的变量 i 遍历了 vector_v 的所有元素. 或者, 也可按照下述方式编写第 19~21 行的循环:

```
for (auto it = _v.begin (); it !=_v.end(); ++it) {
    s=digits[*it]+s;
}
```

注意: 在基于范围的 for 循环中, 人们能够遍历容器里的所有元素, 因此不需要像迭代器那样使用取值运算符 *. 若想改变变量遍历的元素, 则需通过 & 定义变量作为元素的引用. 参见 largeint.cpp 的第 58~62 行 for 循环.

两个 LargeInt 数的加法始于 largeint.cpp 的第 48~65 行的运算符 + =. 该运算符在第 40~45 行用于初始化运算符 +: 首先采用包含被调用函数对象地址的关键字 this, 然后引用 + 运算符调用的对象, 从而在第 42 行中将对象的副本存储在 + 运算符的左边.

当出现若干不同的 LargeInt 类型变量时, 它们占据内存的不同区域, 参见 factorial.cpp 中的 main 函数. 每次遍历 for 循环时, factorial.cpp 的第 12 行会创建新的 LargeInt 变量, 称为 sum. for 循环的最后通过调用 LargeInt 的析构函数再次删除该变量.

在本节程序中, 下述调用都是自动进行的: 当没有定义自己的析构函数时, 标准的析构函数被 (自动) 调用; 后者简单地调用 vector 的析构函数. 当 vector 把数据放在堆的顶部时, 类中有更复杂的析构函数来清空内存中的相关位置.

文件 factorial.cpp 的实现不是非常有效, 可利用乘法进行简化和改进. 乘法以及其他基础算术运算符可以补充到 LargeInt 类中. 目前, 算法时间复杂度主要是由 $\Theta(n^2)$ 次加法决定, 而每次较大的加数有 $\Theta(n \log n)$ 位, 即共需要 $\Theta(n^3 \log n)$ 次基本运算. 如果运用乘法, 可以通过 $\Theta(n)$ 次乘法计算 $n!$, 每次乘 [38] 法中一个因子最多有 $n \log n$ 个数位, 另外一个因子最多有 $\log n$ 个数位; 从而得到总时间复杂度是 $O(n^2 \log^2 n)$(此处采用 "学校方法" 实现乘法运算).

上述新定义的类非常容易调用. 例如, 如果要实现 Collatz 序列 (程序 1.25) 来处理任意大的数, 只需要 using myint=LargeInt 来替换该程序的第 5 行, 同时插入 #include"largeint.h". 类 Fraction 也可通过改变一行程序 (在 fraction.h 中 using inttype=LargeInt 替换第 7 行) 来处理所有的分数, 注意此时必须实现遗漏的运算, 特别是乘法.

[39]

第三章

整数计算

在第一章中, 我们称算术的基本运算为初等运算并假设其在常数时间内完成. 尽管对于任意大的数字来说, 这显然是不现实的, 但是做出这样的假设通常是可行的. 本书将研究整数计算的实际速度. 从狭义角度来讲, 初等运算只包括限定在某个有界区间内的整数的运算和比较.

现代计算机仅需数个时钟周期即可完成高达 64 位数的初等运算. 由于可以利用一个比特来组成所有的初等运算, 因此这一点对渐近运行时间而言无关紧要.

3.1　加法和减法

第二章介绍了计算正整数间加法的算法, 程序 2.11 即为该算法的实现. 很明显, 算法的运行时间是 $O(l)$, 其中 l 是两个加数的最大数位. 利用符号位或者二进制补码表示负数, 不难将该算法推广以使其适用于负数或者减法运算. 由于数字的二进制表示可以在 $O(l)$ 时间内完成, 所以推广后的算法其运行时间仍然保持在 $O(l)$ 规模. 总结:

命题 3.1　计算整数 x 与 y 的和 $x+y$、差 $x-y$ 的运行时间为 $O(l)$, 其中 $l = 1 + \lfloor \log_2(\max\{|x|, |y|, 1\}) \rfloor$.

[41]

3.2　乘法

对于乘法和除法, 存在一显而易见的算法 ("学校方法"), 其运行时间是 $O(l^2)$. 但实际上有更好的算法.

Karatsuba [21] 首先发现了快速计算乘法的方法, 其思想是将两个 l 位的被乘数 x 和 y 都划分成大约 $\frac{l}{2}$ 位的数. 例如, 令 $x = x' \cdot B + x''$ 和 $y = y' \cdot B + y''$, 其中 B 是所使用数制的基的幂, 则计算 $p := x' \cdot y'$, $q := x'' \cdot y''$ 和 $r := (x' + x'') \cdot (y' + y'')$ (递归地使用相同的算法), 然后通过下述等式即可得到乘积 $x \cdot y$:

$$x \cdot y = (x' \cdot y')B^2 + (x' \cdot y'' + x'' \cdot y')B + x'' \cdot y'' = pB^2 + (r - p - q)B + q. \quad (3.1)$$

从此处开始本书假设所有的数字都用二进制表示, Karatsuba 算法的伪代码如下所示. 很明显, 可以将算法限制在自然数上.

算法 3.2 (Karatsuba 算法)

输入: $x, y \in \mathbb{N}$, 用二进制表示.
输出: $x \cdot y$, 用二进制表示.

> **if** $x < 8$ **and** $y < 8$ **then output** $x \cdot y$ (直接相乘)
> **else**
> > $l \leftarrow 1 + \lfloor \log_2(\max\{x, y\}) \rfloor, k \leftarrow \lfloor \frac{l}{2} \rfloor$
> > $B \leftarrow 2^k$
> > $x' \leftarrow \lfloor \frac{x}{B} \rfloor, x'' \leftarrow x \bmod B$
> > $y' \leftarrow \lfloor \frac{y}{B} \rfloor, y'' \leftarrow y \bmod B$
> > $p \leftarrow x' \cdot y'$ (递归)
> > $q \leftarrow x'' \cdot y''$ (递归)
> > $r \leftarrow (x' + x'') \cdot (y' + y'')$ (递归)
> > **output** $pB^2 + (r - p - q)B + q$

定理 3.3　两个用二进制表示的自然数 x 和 y 的乘积可以用算法 3.2 在 $O(l^{\log_2 3})$ 时间内完成计算, 其中 $l = 1 + \lfloor \log_2(\max\{x, y\}) \rfloor$.

证明　算法的正确性由等式 (3.1) 即得.

为了证明算法的时间复杂度, 首先证明存在常数 $c \in \mathbb{N}$, 使得算法 3.2 中 (狭义 [42] 上的)进行初等运算的步数 $T(l)$ 可以由依赖于 l (x 和 y 的最大数位) 的上界来界

定, 如下所示:

$$T(l) \leqslant c, \qquad\qquad\qquad l \leqslant 3,$$
$$T(l) \leqslant c \cdot l + 3T\left(\left\lceil \frac{l}{2} \right\rceil + 1\right), \quad l \geqslant 4. \tag{3.2}$$

为了证明第二个不等式, 需要利用下述事实: 在算法 3.2 的三个递归调用中, 每一个递归计算都作用于最多有 $\left\lceil \frac{l}{2} \right\rceil + 1$ 位的数字上. 对于 x'' 和 y'' 这显然成立; 它们甚至最多仅有 $k = \left\lfloor \frac{l}{2} \right\rfloor$ 位. 此外 $1 + \lfloor \log_2 x' \rfloor \leqslant 1 + \lfloor \log_2 \frac{x}{B} \rfloor = 1 + \lfloor \log_2 x \rfloor - k \leqslant l - k = \left\lceil \frac{l}{2} \right\rceil$, 因此 x' 最多有 $\left\lceil \frac{l}{2} \right\rceil$ 位. 类似地 y' 最多有 $\left\lceil \frac{l}{2} \right\rceil$ 位. 故 $x' + x''$ 和 $y' + y''$ 每一个都最多有 $\left\lceil \frac{l}{2} \right\rceil + 1$ 位. 由于对于所有的 $l \geqslant 4$, $\left\lceil \frac{l}{2} \right\rceil + 1$ 小于 l, 故递归能够终止.

算法中所有的其他操作仅仅需要 $O(l)$ 步, 这里需要利用 B 是 2 的幂以及 x 和 y (以及其他中间结果) 都是二进制表示的事实. 当然, 也需要利用命题 3.1.

递归式 3.2 可以按下述方式求解. 首先断言, 对于所有的 $m \in \mathbb{N} \bigcup \{0\}$ 有:

$$T(2^m + 2) \leqslant c \cdot (4 \cdot 3^m - 2 \cdot 2^m - 1). \tag{3.3}$$

通过对 m 进行归纳即可证明上述论断: 当 $m = 0$, 由 (3.2) 有 $T(3) \leqslant c$. 对于 $m \in \mathbb{N}$ 仍然利用 (3.2), 有 $T(2^m + 2) \leqslant c \cdot (2^m + 2) + 3T(2^{m-1} + 2)$, 由归纳假设, 该式上界为:

$$T(2^m + 2) \leqslant c \cdot (2^m + 2 + 3 \cdot (4 \cdot 3^{m-1} - 2 \cdot 2^{m-1} - 1)) = c \cdot (4 \cdot 3^m - 2 \cdot 2^m - 1),$$

(3.3) 得证.

对于任意的 $l \in \mathbb{N}$ 且 $l > 2$, 令 $m := \lceil \log_2(l-2) \rceil < 1 + \log_2 l$. 则下述不等式成立: $T(l) \leqslant T(2^m + 2) < 4c \cdot 3^m < 12c \cdot 3^{\log_2 l} = 12c \cdot l^{\log_2 3}$.   □

注意到 $\log_2 3$ 小于 1.59, 所以算法 3.2 远远快于时间复杂度为 $O(l^2)$ 的 "学校方法" (尤其是对于两个位数大约相等的数).

在实际中也会直接计算非常大的数的乘法 (高达 32 或者 64 位的二进制: 这样大的数利用今天的处理器进行乘法计算时只需要几个时钟周期). 在计算更大的数的乘法时才选择 Karatsuba 的递归方法.

Schönhage 和 Strassen [30] 以及 Fürer [17] 先后发明了更加快速的乘法算法. 而 (整数) 除法能够简化为乘法, 并且可以同样地快速运算; 本书将在 5.5 节研究该问题.

[43]

3.3 欧几里得算法

欧几里得算法 (公元前 300 年欧几里得在他的《原本》第七部中所提出) 能够有效地计算两个数的最大公约数, 从而可以把分数化为最简形式.

定义 3.4　对于 $a, b \in \mathbb{N}$, a 和 b 的最大公约数记作 $\gcd(a, b)$, 是能够整除 a 和 b 的最大自然数. 如果 $\gcd(a, b) = 1$, 则称 a 和 b 互素. 对于所有的 $a \in \mathbb{N}$, 定义 $\gcd(a, 0) := \gcd(0, a) := a$ (所有的自然数都整除 0), 且 $\gcd(0, 0) := 0$.

对于 $a, b \in \mathbb{N}$, a 和 b 的最小公倍数记作 $\mathrm{lcm}(a, b)$, 是能够同时被 a 和 b 整除的最小自然数.

引理 3.5　对于所有的 $a, b \in \mathbb{N}$, 下述等式成立:
(a) $a \cdot b = \gcd(a, b) \cdot \mathrm{lcm}(a, b)$;
(b) $\gcd(a, b) = \gcd(a \mod b, b)$.

证明　(a) 对于 a 和 b 的任意公约数 x (因而, 同样对于 $x = \gcd(a, b)$), $\frac{ab}{x}$ 是 a 和 b 的公倍数, 故 $\frac{ab}{\gcd(a,b)} \geqslant \mathrm{lcm}(a, b)$ 成立.

反之, $\frac{ab}{\mathrm{lcm}(a,b)}$ 是 a 和 b 的公约数, 因此 $\gcd(a, b) \geqslant \frac{ab}{\mathrm{lcm}(a,b)}$.

(b) 如果 x 整除 a 和 b, 则显然 x 也整除 $a - b\lfloor \frac{a}{b} \rfloor = a \mod b$.

反之, 如果 x 整除 $a \mod b$ 和 b, 则 x 也整除 $(a \mod b) + b\lfloor \frac{a}{b} \rfloor = a$.　□

由引理 3.5(b) 可知下述算法 3.6的正确性.

算法 3.6 (欧几里得算法)

输入: $a, b \in \mathbb{N}$.

输出: $\gcd(a, b)$.

> **while** $a > 0$ **and** $b > 0$ **do**
> 　　**if** $a < b$ **then** $b \leftarrow b \mod a$ **else** $a \leftarrow a \mod b$
> **output** $\max\{a, b\}$

例 3.7　$\gcd(6314, 2800) = \gcd(2800, 714) = \gcd(714, 658) = \gcd(658, 56) =$ [44] $\gcd(56, 42) = \gcd(42, 14) = \gcd(14, 0) = 14$.

在程序 3.8 中, 欧几里得算法在函数 `gcd` 中递归实现. 也可以将该函数整合至 `LargeInt` 类中 (如果已经实现了 `LargeInt` 类的操作符 `%`). 由这种 gcd-函数扩展而得的 `LargeInt` 类在 `Fraction` 类中能够作为分数的分子和分母, 并且在每一次初等运算后总能将所有分数化为最简形式.

程序 3.8 (欧几里得算法)

```
1  //euclid.cpp (Euclidean Algorithm)
2
3  #include <iostream>
```

```
4
5   using myint = long long;
6
7   myint gcd(myint a,myint b)  // compute greatest common divisor
8   {                                 // using Euclidean Algorithm
9       if (b == 0) {
10          return a;
11      }
12      else {
13          return gcd(b,a % b);
14      }
15  }
16
17
18  int main ()
19  {
20      myint a, b;
21      std::cout << "This program computes the greatest common
                divisor .\n"
22              << " Enter two natural numbers, separated by blank:
                    ";
23      std::cin >> a >> b;
24      std::cout << "gcd(" << a << "," << b << ") = " << gcd(a,b) <<
                "\n";
25  }
```

因为在每次迭代时, 两个乘数中至少有一个减少一半或者更多 (除了 gcd 的第一次迭代可能例外), 故不难计算出欧几里得算法的迭代 (递归) 次数的上界为 $2 + \lfloor \log_2 \max\{a,1\} \rfloor + \lfloor \log_2 \max\{b,1\} \rfloor$.

为了更细致分析算法 3.6 的运行时间, 需要利用 **Fibonacci 数** F_i, $i = 0, 1, 2, \cdots$, 定义为 $F_0 := 0, F_1 := 1$ 以及

$$F_{n+1} := F_n + F_{n-1}, \quad \text{对于 } n \in \mathbb{N}.$$

因此, 前几个 Fibonacci 数为 0, 1, 1, 2, 3, 5, 8, 13, 21, 34, 55. 实际上在 Fibonacci (约 1170—1240) 引入它们之前 400 多年, Fibonacci 数就在印度为人

所知.

引理 3.9 对于所有的 $n \in \mathbb{N} \bigcup \{0\}$ 有:

[45]
$$F_n = \frac{1}{\sqrt{5}}\left(\left(\frac{1+\sqrt{5}}{2}\right)^n - \left(\frac{1-\sqrt{5}}{2}\right)^n\right).$$

证明 对 n 进行归纳证明. 当 $n = 0$ 和 $n = 1$ 时, 该式显然成立. 当 $n \geqslant 2$ 时, 有:

$$F_n = F_{n-1} + F_{n-2}$$
$$= \frac{1}{\sqrt{5}}\left(\left(\frac{1+\sqrt{5}}{2}\right)^{n-1} + \left(\frac{1+\sqrt{5}}{2}\right)^{n-2} - \left(\frac{1-\sqrt{5}}{2}\right)^{n-1} - \left(\frac{1-\sqrt{5}}{2}\right)^{n-2}\right)$$
$$= \frac{1}{\sqrt{5}}\left(\left(\frac{1+\sqrt{5}}{2}\right)^{n-2} \cdot \left(\frac{1+\sqrt{5}}{2} + 1\right) - \left(\frac{1-\sqrt{5}}{2}\right)^{n-2} \cdot \left(\frac{1-\sqrt{5}}{2} + 1\right)\right)$$
$$= \frac{1}{\sqrt{5}}\left(\left(\frac{1+\sqrt{5}}{2}\right)^n - \left(\frac{1-\sqrt{5}}{2}\right)^n\right),$$

这是因为 $\frac{1+\sqrt{5}}{2} + 1 = \frac{3+\sqrt{5}}{2} = (\frac{1+\sqrt{5}}{2})^2$ 且 $\frac{1-\sqrt{5}}{2} + 1 = \frac{3-\sqrt{5}}{2} = (\frac{1-\sqrt{5}}{2})^2$. $\square$

引理 3.10 如果 $a > b > 0$, 且算法 3.6 执行 $k \geqslant 1$ 次 **while** 循环, 则 $a \geqslant F_{k+2}$ 且 $b \geqslant F_{k+1}$.

证明 对 k 进行归纳证明. 当 $k = 1$ 时, $b \geqslant 1 = F_2$. $a > b \Rightarrow a \geqslant 2 = F_3$, 所以结论成立.

令 $k \geqslant 2$, 因为 $a > b \geqslant 1$ 且 $k \geqslant 2$, 故在下一次迭代中需要利用 b 和 $a \bmod b$. 由于在前 $k-1$ 步迭代中引理成立, 并且 $b > a \bmod b > 0$ (因为 $k - 1 > 0$), 故可以利用归纳假设. 因此 $b \geqslant F_{k+1}$ 且 $a \bmod b \geqslant F_k$. 所以 $a = \lfloor a/b \rfloor \cdot b + (a \bmod b) \geqslant b + (a \bmod b) \geqslant F_{k+1} + F_k = F_{k+2}$. $\square$

定理 3.11 (Lamé 定理) 如果存在某个 $k \in \mathbb{N}$ 使得 $a \geqslant b$ 且 $b < F_{k+1}$, 则算法 3.6 执行 **while** 循环的次数小于 k.

证明 如果 $b = 0$, 则算法不进行迭代. 如果 $a = b > 0$, 算法恰好迭代一次. 剩下的情形可以由引理 3.10 直接得出. $\square$

备注 3.12 如果对于某个 $k \in \mathbb{N}$ 计算 $\gcd(F_{k+2}, F_{k+1})$, 则恰好需要进行 k 次迭代, 这是因为 $\gcd(F_3, F_2) = \gcd(2, 1)$ 需要一次迭代, 而 $\gcd(F_{k+2}, F_{k+1})$, $k \geqslant 2$ 可以归约到 $\gcd(F_{k+1}, F_{k+2} - F_{k+1}) = \gcd(F_{k+1}, F_k)$. 故定理 3.11 的界是最好的.

推论 3.13 如果 $a \geqslant b > 1$, 则算法 3.6 迭代次数最多为 $\lceil \log_\phi b \rceil$, 其中 $\phi = \frac{1+\sqrt{5}}{2}$. 算法 3.6 计算 $\gcd(a,b)$ 总的运行时间为 $O((\log a)^3)$. [46]

证明 首先对 n 进行归纳证明: 当 $n \geqslant 3$ 时, 有 $F_n > \phi^{n-2}$. 当 $n = 3$ 时, 有 $F_3 = 2 > \phi$. 由于 $1 + \phi = \phi^2$, 故运用归纳假设可得, 当 $n \geqslant 3$ 时有:

$$F_{n+1} = F_n + F_{n-1} > \phi^{n-2} + \phi^{n-3} = \phi^{n-3}(\phi + 1) = \phi^{n-1}.$$

为了证明推论 3.13 的第一个论述, 令 $k := 1 + \lceil \log_\phi b \rceil \geqslant 2$. 则有 $b \leqslant \phi^{k-1} < F_{k+1}$, 利用定理 3.11 可以推得论述成立. 算法在每次迭代时对于满足 $a \geqslant x \geqslant y$ 的两个数 x 和 y 必须计算 $x \bmod y$. 利用 "学校方法" 其运行时间是 $O((\log a)^2)$, 因此总的运行时间为 $O((\log a)^3)$. □

备注 3.14 常数 $\phi = \frac{1+\sqrt{5}}{2} \approx 1.618\cdots$ 为黄金比例, 并由此得 $\frac{1-\sqrt{5}}{2} \approx -0.618\cdots$. 因此, 根据引理 3.9, 有 $F_n \approx \frac{1}{\sqrt{5}} \cdot \phi^n$. [47]

第四章

实数的近似表示

通过组合 LargeInt (程序 2.11) 和 Fraction (程序 2.10) 这两个类 (添加缺失操作扩展而得), 可以在有理数域上进行运算并且不会产生舍入误差. 但即使用欧几里得算法将分数化简为最简形式, 分子和分母仍然可能非常大, 因此有理数域上的初等运算速度相当慢.

当使用标准数据类型如 double 型时, 计算速度可以大大加快; 但这样会产生舍入误差, 因此在计算中必须控制这些误差.

类似于有理数将分子和分母作为一组整数来存储, 复数可以通过分别存储实部和虚部的方式进行 (近似的) 存储. 当然也可以定义一个与 Fraction 相似的类. 实际上, C++ 标准程序库中包含数据类型 complex<double>, 可以用它处理复数. 简单起见, 本节仅仅考虑实数; 不难看出处理实数的任何方法经过简单的修改即可应用到复数上.

4.1　实数的 b 进制表示

自然数的 b 进制表示可以按照如下方式扩充到实数上:

定理 4.1 (实数的 b 进制表示)　令 $b \in \mathbb{N}$ 且 $b \geqslant 2$, $x \in \mathbb{R} \setminus \{0\}$, 则对于 $i \in \mathbb{N} \bigcup \{0\}$, 其中 $\{i \in \mathbb{N} : z_i \neq b-1\}$ 是无限集合, 存在唯一定义的数 $E \in \mathbb{Z}$, $\sigma \in \{-1, 1\}$ 且 $z_i \in \{0, 1, \cdots, b-1\}$, 使得 $z_0 \neq 0$, 且

$$x = \sigma \cdot b^E \cdot \left(\sum_{i=0}^{\infty} z_i \cdot b^{-i} \right). \tag{4.1}$$

(4.1) 称作 x 的 (标准化) b **进制表示**.

此处用无穷级数的通用符号作为部分和序列的极限:

$$\sum_{i=0}^{\infty} a_i := \lim_{n\to\infty} \sum_{i=0}^{n} a_i.$$

由于该序列单调递增且上界为 b, 故极限存在.

证明 令 $x \in \mathbb{R}\backslash\{0\}$. 当 $x < 0$ 时, $\sigma = -1$; 当 $x > 0$ 时, $\sigma = 1$.

对 $z_i \in \{0, 1, \cdots, b-1\}$ $(i \in \mathbb{N}\bigcup\{0\})$, 其中 $\{i \in \mathbb{N}: z_i \neq b-1\} \neq \emptyset$ 且 $z_0 \neq 0$, 有:

$$1 \leqslant \sum_{i=0}^{\infty} z_i \cdot b^{-i} < \sum_{i=0}^{\infty}(b-1)\cdot b^{-i} = b.$$

因此必须令 $E := \lfloor \log_b |x| \rfloor$.

令 $a_0 := b^{-E}|x|$, 且对 $i \in \mathbb{N}\bigcup\{0\}$ 递归地定义:

$$z_i := \lfloor a_i \rfloor \quad \text{且} \quad a_{i+1} := b(a_i - z_i).$$

注意到对 $i \in \mathbb{N}$, $1 \leqslant a_0 < b$ 且 $0 \leqslant a_i < b$, 因此对所有 i, 有 $z_i \in \{0, \cdots, b-1\}$ 且 $z_0 \neq 0$.

断言: 对所有的 $n \in \mathbb{N}\bigcup\{0\}$, 有 $a_0 = \sum_{i=0}^{n} z_i \cdot b^{-i} + a_{n+1}b^{-n-1}$.

对 n 进行归纳证明此论断. 当 $n = 0$ 时, 显然有 $a_0 = z_0 b^0 + a_1 b^{-1}$.

令 $n \in \mathbb{N}$, 由归纳假设 $(n-1$ 时成立), 有 $a_0 = \sum_{i=0}^{n-1} z_i \cdot b^{-i} + a_n b^{-n}$. 因为 $a_{n+1} = b(a_n - z_n)$, 可得 $a_0 = \sum_{i=0}^{n-1} z_i \cdot b^{-i} + z_n b^{-n} + a_{n+1}b^{-n-1}$, 断言得证.

由断言可得:

$$x = \sigma \cdot b^E \cdot a_0 = \sigma \cdot b^E \cdot \lim_{n\to\infty}\left(\sum_{i=0}^{n} z_i \cdot b^{-i}\right). \qquad [50]$$

即为等式(4.1).

假设 $\{i \in \mathbb{N}: z_i \neq b-1\}$ 为有限集, 即存在 $n_0 \in \mathbb{N}$ 使得对所有 $i > n_0$, 都有 $z_i = b-1$. 故下式成立:

$$a_0 = \sum_{i=0}^{n_0} z_i \cdot b^{-i} + \sum_{i=n_0+1}^{\infty}(b-1)\cdot b^{-i} = \sum_{i=0}^{n_0} z_i \cdot b^{-i} + b^{-n_0}.$$

但是上述断言表明 $a_{n_0+1} = b$, 矛盾. 存在性得证.

接下来只需证明唯一性, σ 和 E 的唯一性已经得证. 假设下述两个表达式具有所要求的性质:

$$x = \sigma \cdot b^E \cdot \sum_{i=0}^{\infty} y_i \cdot b^{-i} = \sigma \cdot b^E \cdot \sum_{i=0}^{\infty} z_i \cdot b^{-i}.$$

令 n 为 $y_n \neq z_n$ 的最小指标. 不失一般性, 令 $y_n + 1 \leqslant z_n$, 则可得:

$$
\begin{aligned}
\frac{x}{\sigma b^E} &= \sum_{i=0}^{\infty} y_i \cdot b^{-i} \\
&\leqslant \sum_{i=0}^{n-1} y_i \cdot b^{-i} + (z_n - 1)b^{-n} + \sum_{i=n+1}^{\infty} y_i b^{-i} \\
&< \sum_{i=0}^{n-1} y_i \cdot b^{-i} + (z_n - 1)b^{-n} + \sum_{i=n+1}^{\infty} (b-1)b^{-i} \\
&= \sum_{i=0}^{n-1} z_i \cdot b^{-i} + z_n b^{-n} \\
&\leqslant \sum_{i=0}^{\infty} z_i \cdot b^{-i} \\
&= \frac{x}{\sigma b^E},
\end{aligned}
$$

矛盾. □

例 4.2　对 $b = 2$, 有下述两个 b 进制表示:

$$
\frac{1}{3} = 2^{-2} \cdot (2^0 + 2^{-2} + 2^{-4} + 2^{-6} + \cdots) = (0.\overline{01})_2,
$$

[51]
$$
8.1 = 2^3 \cdot (2^0 + 2^{-7} + 2^{-8} + 2^{-11} + 2^{-12} + 2^{-15} + 2^{-16} \cdots) = (1000.0\overline{0011})_2.
$$

4.2　机器数

由于实数在计算机中只能用有限的位数表示, 因此可以采用定理 4.1所示的表示方法:

定义 4.3　令 $b, m \in \mathbb{N}, b \geqslant 2$. m 位 b 进制**标准化浮点数**有下述形式:

$$
x = \sigma \cdot b^E \cdot \left(\sum_{i=0}^{m-1} z_i \cdot b^{-i} \right),
$$

其中 $\sigma \in \{-1, 1\}$ 是它的符号, $E \in \mathbb{Z}$ 是指数, 对所有的 $i \in \mathbb{N} \bigcup \{0\}$, $\sum_{i=0}^{m-1} z_i \cdot b^{-i}$ 是它的尾数, 其中 $z_0 \neq 0$ 且 $z_i \in \{0, \cdots, b-1\}$.

例 4.4　当 $b = 10$ 时, 136.5 的 5 位标准化表示为 $136.5 = 1.365 \cdot 10^2$, 这在 C++ 中记为 `1.365e+2`.

当 $b = 10$ 时, 对任意的 $m \in \mathbb{N}$, $\frac{1}{3}$ 没有 m 位标准化浮点数表示, 0 也没有标准化浮点数表示.

为了在计算机中表示实数, 必须为 b, m 和 E 的序列 $\{E_{\min}, \cdots, E_{\max}\}$ 选择合适的数值. 这些参数确定了所谓的**机器数序列** (machine-number range)

$$F(b, m, E_{\min}, E_{\max}),$$

其包含指数为 $E \in \{E_{\min}, \cdots, E_{\max}\}$ 的 b 进制 m 位标准化浮点数集和数字 0. (给定的) 机器数序列中的元素称为**机器数** (machine number).

1985 年, IEEE (Institute of Electrical and Electronics Engineers) 采用了 IEEE-标准 754 [19]. 该标准定义了 double 数据类型, 其中 $b = 2, m = 53, E \in \{-1022, \cdots, 1023\}$, 记作 $F_{\text{double}} := F(2, 53, -1022, 1023)$. 这些数的 64 位表示满足: 一位为符号位, 52 位 $z_1 \cdots z_{52}$ 为尾数位, 11 位为指数 E 位. 因为标准化保证了第零位 z_0 通常为数值 1, 可以忽略它 (即它是一个隐藏位).

指数表示由所谓的偏差表示完成: 为了使得所有的指数都是正的而加入常数 (偏差). 对于上述定义的 double 数据类型, 偏差是 1023. C++ 标准程序库没有规定如何实现 double 数据类型, 因此通常按照上述提到的 IEEE 754 的方式实现. 即下面采用的步骤.

[52]

以位表示的标准化浮点数的形式如下:

1 位	11 位	52 位
$\frac{1+\sigma}{2}$	$E + 1023$	$z_1 z_2 \cdots z_{52}$

"自由" 指数 -1023 和 1024 (即在偏差表示法中的 0 和 2047) 用来编码 ± 0 和 $\pm\infty$ (即指数大于 1023), 以及非规格化浮点数 (subnormal number)(即指数小于 -1022) 和 NaN (非数字), NaN 表明了不可行的计算结果, 例如 $\log(-1)$.

此种方式可以表示的最大数是

$$\max F_{\text{double}} = \texttt{std::numeric\_limits<double>::max()}$$

$$= 1.\underbrace{1 \cdots 1}_{52} \cdot 2^{1023} = (2 - 2^{-52}) \cdot 2^{1023} = 2^{1024} - 2^{971} \approx 1.797693 \cdot 10^{308}.$$

在 F_{double} 中最小的正机器数是

$$\min\{f \in F_{\text{double}}, f > 0\} = \texttt{std::numeric\_limits<double>::min()}$$

$$= 1.0 \cdot 2^{-1022} \approx 2.225074 \cdot 10^{-308}.$$

定义 $\text{range}(F) := [\min\{f \in F, f > 0\}, \max F]$, 它是包含所有可表示的正数的最小区间.

相较而言, C++ `float` 数据类型通常用 32 位表示数字, 因此其可表示数的区间更小, 也大大降低了精度, 故很少使用这一数据类型. 另一方面, `long double` 数据类型通常比 `double` 数据类型更精确, 在 `long double` 类型中常用 80 位表示数字 (64 位为尾数位, 16 位为指数位), 这是因为在当今的处理器中 FPU (Floating Point Unit) 频繁地使用这样的表示方法表示浮点数, FPU 可以在数个时钟周期内完成浮点数的基本运算.

在 C++ 中 `double` 数据类型是实数近似表示的标准数据类型.

4.3　舍入

因为机器数的集合是有限的, 因此必须接受实数的舍入表示:

定义 4.5　$F = F(b, m, E_{\min}, E_{\max})$ 是机器数序列, 如果对所有的 $x \in \mathbb{R}$, 有

$$|x - \mathrm{rd}(x)| = \min_{a \in F} |x - a|$$

[53] 成立, 则函数 $\mathrm{rd} : \mathbb{R} \to F$ 称为到 F 的**舍入**.

注意到根据该定义, 存在多种舍入方式. 例如, 在 $F(10, 2, 0, 2)$, 可以将数字 12.5 舍入降到 12 或者增加到 13. 在商业舍入中不存在歧义: 12.5 舍入增加到 13. 然而, 根据 IEEE 754, x 舍入后应使得最后一位数是偶数, 例如 $\mathrm{rd}(12.5) = 12$, $\mathrm{rd}(13.5) = 14$, 原因之一是计算 $(\cdots(((12 + 0.5) - 0.5) + 0.5) - \cdots$ 时交替的上下舍入. 对于商业舍入, 这个级数是发散的.

定义 4.6　令 $x, \tilde{x} \in \mathbb{R}$, 其中 $\tilde{x}$ 是 x 的近似值, 则 $|x - \tilde{x}|$ 称为**绝对误差**. 如果 $x \neq 0$, 则 $\left|\frac{x - \tilde{x}}{x}\right|$ 称为**相对误差**.

"机 ε" (machine epsilon) 是衡量机器精度的方式, 它由在下述范围内进行舍入时产生的最大相对误差给出:

定义 4.7　令 F 为机器数序列, F 的**机器精度**记作 $\mathrm{eps}(F)$, 定义如下:

$$\mathrm{eps}(F) := \sup\left\{ \left|\frac{x - \mathrm{rd}(x)}{x}\right| : x \in \mathbb{R}, |x| \in \mathrm{range}(F), \mathrm{rd} \text{ 为到 } F \text{ 的舍入} \right\}.$$

定理 4.8　对每个机器数序列 $F = F(b, m, E_{\min}, E_{\max})$, 且 $E_{\min} < E_{\max}$, 有

$$\mathrm{eps}(F) = \frac{1}{1 + 2b^{m-1}}.$$

证明　令 $x = b^{E_{\min}} \cdot (1 + \frac{1}{2}b^{-m+1})$, 则 $x \in \mathrm{range}(F)$ 且对每个到 F 的舍入 rd, 有

$$\left|\frac{x - \mathrm{rd}(x)}{x}\right| = \frac{|x - \mathrm{rd}(x)|}{x} = \frac{b^{E_{\min}} \cdot \frac{1}{2}b^{-m+1}}{b^{E_{\min}} \cdot (1 + \frac{1}{2}b^{-m+1})} = \frac{1}{1 + 2b^{m-1}},$$

由此 $\mathrm{eps}(F) \geqslant \frac{1}{1+2b^{m-1}}$.

反向证明, 只需要考虑正的 x. 因此, 令 $x \in \mathrm{range}(F)$, 但 $x \notin F$ (否则没有舍入误差), 令 $x = b^E \cdot \sum_{i=0}^{\infty} z_i \cdot b^{-i}$ 为 x 的标准化 b 进制表示, 则

$$x' = b^E \cdot \sum_{i=0}^{m-1} z_i \cdot b^{-i} \quad \text{以及} \quad x'' = b^E \cdot \left(\sum_{i=0}^{m-1} z_i \cdot b^{-i} + b^{-m+1} \right)$$

都在 F 中, 且有 $x' < x < x''$ 成立.

[54]

对每个到 F 的舍入 rd, 有 $|x - \mathrm{rd}(x)| \leqslant \frac{1}{2}(x'' - x') = \frac{1}{2} \cdot b^E \cdot b^{-m+1}$. 因为 $z_0 > 0$, 由此可得 $x = b^E + |x - b^E| \geqslant b^E + |x - \mathrm{rd}(x)|$, 故

$$\left| \frac{x - \mathrm{rd}(x)}{x} \right| \leqslant \frac{|x - \mathrm{rd}(x)|}{b^E + |x - \mathrm{rd}(x)|} = \frac{1}{1 + \frac{b^E}{|x - \mathrm{rd}(x)|}} \leqslant \frac{1}{1 + \frac{b^E}{\frac{1}{2} \cdot b^E \cdot b^{-m+1}}} = \frac{1}{1 + 2b^{m-1}}.$$

$\square$

例 4.9 在 IEEE 754 中 `double` 数据类型的机器精度为

$$\mathrm{eps}(F_{\mathrm{double}}) = \frac{1}{1 + 2^{53}} \approx 1.11 \cdot 10^{-16}.$$

注意到 `std::numeric_limits<double>::epsilon()` 产生了最小数 x, 且 $x > 0, 1 + x \in F_{\mathrm{double}}$. 因此 $x = 2^{-52} \approx 2 \cdot \mathrm{eps}(F_{\mathrm{double}})$.

定义 4.10 令 F 为机器数序列, $s \in \mathbb{N}$. 机器数 $f \in F$, 如果 $f \neq 0$ 且对于每个舍入 rd 和 $x \in \mathbb{R}$ 满足 $\mathrm{rd}(x) = f$ 有:

$$|x - f| \leqslant \frac{1}{2} \cdot b^{\lfloor \log_b |f| \rfloor + 1 - s}.$$

则 f 在它的 b 进制浮点数表示中 (至少) 有 s 位**有效数字**.

例 4.11 $F_{\mathrm{double}} \setminus \{-\max F_{\mathrm{double}}, 0, \max F_{\mathrm{double}}\}$ 中的每个机器数 f, 在它的十进制表示中至少有 $\lfloor 52 \log_{10} 2 \rfloor = 15$ 位有效数字, 这是因为对于标准化浮点数表示为 $x = 2^E \cdot \sum_{i=0}^{\infty} z_i \cdot 2^{-i}$ 且有 $\mathrm{rd}(x) = f$ 的实数 $x \in \mathbb{R}$, 由于 $2^E \leqslant |f|$, 故有下式成立:

$$|x - f| \leqslant \frac{1}{2} \cdot 2^E \cdot 2^{-52} \leqslant 2^{-53} |f| < \frac{1}{2} \cdot 10^{\lfloor \log_{10} |f| \rfloor + 1 - 52 \log_{10} 2}.$$

为了保证 `double` 类型的所有数位在每一步都能够被输出, 在插入 `#include <iomanip>` 后可以利用 `std::cout<<std::setprecision(15)`.

4.4 机器运算

令 $\circ$ 为四个初等运算 $\{+, -, \cdot, /\}$ 之一. 注意到在实例 4.13 中并不是对所有的 $x, y \in F$ 都有 $x \circ y \in F$ 成立. 因此计算机执行了具有性质 $x \odot y \in F$ 的辅助操作 $\odot$. 做如下假设:

[55] **假设 4.12** 对所有的 $x, y \in F$ 和某个舍入到 F 上的 rd, $x \circledcirc y = \mathrm{rd}(x \circ y)$.

这是由 IEEE 754 规定的. 对平方根函数也存在同样的规定, 但并不是对所有的函数都有这样的规定. 例如函数 $\sin(x)$, $\mathrm{epx}(x)$ 等. 假设 4.12 保证初等运算的结果是 $x \circ y$ 的精确结果舍入到最接近的机器数. 然而为了得到 $x \circledcirc y$ 的值, 实际上并不需要精确计算 $x \circ y$, 只要确定了足够多位的数字, 就可以终止计算.

例 4.13 令 $F = F(10, 2, -5, 5)$.

选择 $x = 4.5 \cdot 10^1 = 45$, $y = 1.1 \cdot 10^0 = 1.1$, 则

$$x \oplus y = \mathrm{rd}(x + y) = \mathrm{rd}(46.1) = \mathrm{rd}(4.61 \cdot 10^1) = 4.6 \cdot 10^1,$$
$$x \ominus y = \mathrm{rd}(x - y) = \mathrm{rd}(43.9) = \mathrm{rd}(4.39 \cdot 10^1) = 4.4 \cdot 10^1,$$
$$x \odot y = \mathrm{rd}(x \cdot y) = \mathrm{rd}(49.5) = \mathrm{rd}(4.95 \cdot 10^1) \in \{4.9 \cdot 10^1, 5.0 \cdot 10^1\},$$
$$x \oslash y = \mathrm{rd}(x/y) = \mathrm{rd}(40.\overline{90}) = \mathrm{rd}(4.\overline{09} \cdot 10^1) = 4.1 \cdot 10^1.$$

由假设 4.12 可知, 如果 $|x \circ y| \in \mathrm{range}(F)$, 则相对误差是

$$\left| \frac{x \circ y - x \circledcirc y}{x \circ y} \right| = \left| \frac{x \circ y - \mathrm{rd}(x \circ y)}{x \circ y} \right| \leqslant \mathrm{eps}(F).$$

加法乘法的交换律在机器运算中仍然成立. 但是, 结合律和分配律通常是不成立的.

例 4.14 在机器数序列 $F = F(10, 2, -5, 5)$ 中, 令 $x = 4.1 \cdot 10^0$, $y = 8.2 \cdot 10^{-1}$, $z = 1.4 \cdot 10^{-1}$. 则

$$(x \oplus y) \oplus z = 4.9 \oplus 0.14 = 5.0,$$
$$x \oplus (y \oplus z) = 4.1 \oplus 0.96 = 5.1,$$
$$x \odot (y \oplus z) = 4.1 \odot 0.96 = 3.9,$$
$$(x \odot y) \oplus (x \odot z) = 3.4 \oplus 0.57 = 4.0.$$

不难看出, 即使输入用机器数表示, 但在机器运算中执行数学等价表达式也会
[56] 产生截然不同的结果, 这可能会产生很严重的后果.

第五章

计算误差

数值计算问题的求解过程必然伴随着误差的产生. 由于只存在有限多的机器数, 故误差不仅会在输入数据的时候产生 (例如数字 0.1 不存在精确的有限多数位的二进制表示, 参见例 4.2), 也会在进行初等运算 $+,-,\cdot$ 和 $/$ 的时候产生. 不仅如此, 问题所需的结果也可能是一个无法被计算机表示出来的数字. 下面定义三种类型的误差:

数据误差   在进行数值计算之前必须要输入初始数据. 对数值计算问题来说, 输入数据通常是不精确的 (比如测量值), 或者无法用计算机精确地表示出来. 通常用受扰动的近似值 $\tilde{x}$ 来代替输入数据的精确值 x. 因此, 即使计算过程是准确的, 也不能期待得到一个精确的计算结果. 不仅如此, 即使计算过程是准确的, 初始数据误差也会随着初等运算进行传播, 并可能以一种极端的方式增长 (详见 5.2 节).

舍入误差   由于机器数序列是有界的, 所有的中间结果都将被舍入 (详见 4.4 节). 这些舍入误差的传播也可能会造成输出结果的严重偏差.

方法误差   许多算法, 即使是那些可被精确执行的算法, 在经过有限步的运行后也无法输出一个精确的结果 (无论步数有多大). 但是它们输出的结果往往会稳定地接近精确解, 也就是说, 它们会计算出一个收敛到精确解的数值结果序列 (这理论上是一个无穷序列). 如果问题的解是一个无理数, 那么上述情况事实上是无法避免的. 最终得到的数值解与精确解之间的误差称为方法误差. 5.1 节将给出具体实例.

[57]

误差的其他来源多发生于实践中, 其中需要特别指出的是, 因数学模型无法准确描述待解决的实际问题而产生的 "模型误差", 以及因糟糕的代码实现 (比如出现了错误的越界值) 而产生的误差.

5.1　二分搜索

假设 $f:\mathbb{R}\to\mathbb{R}$ 为严格增函数, 若存在界限 L 和 U 使得 $f(L)\leqslant x\leqslant f(U)$, 则可使用二分搜索求解下述问题: 为某特定值 $x\in\mathbb{R}$ 找到其原像 $f^{-1}(x)$. 在此方法中, 不必明确知晓函数 $f(x)$ 的显式表达式, 只需要能够对其求值即可. 因此, 假设存在对于给定 x 输出函数值 $f(x)$ 的子程序, 但不探求子程序的其他信息. 上述过程中函数 f 由**神谕**给出.

二分搜索最基本的思想就是将给定的区间二等分, 并决定在二等分后的哪一半区间继续搜索.

例 5.1　可以利用二分搜索计算平方根, 在这个过程中只用到了乘法 (为了计算函数 $f(x)=x^2$ 的值). 例如, $\sqrt{3}$, 初始区间界限为 $L=1$, $U=2$, 其计算过程运行如下:

$$\sqrt{3}\in[1,2]$$
$$1.5^2=2.25 \Rightarrow \sqrt{3}\in[1.5,2]$$
$$1.75^2=3.0625 \Rightarrow \sqrt{3}\in[1.5,1.75]$$
$$1.625^2=2.640625 \Rightarrow \sqrt{3}\in[1.625,1.75]$$
$$1.6875^2=2.84765625 \Rightarrow \sqrt{3}\in[1.6875,1.75]$$
$$1.71875^2=2.9541015625 \Rightarrow \sqrt{3}\in[1.71875,1.75]$$
$$1.734375^2=3.008056640625 \Rightarrow \sqrt{3}\in[1.71875,1.734375]$$

显然, 由区间中点组成的序列收敛到精确解 (尽管收敛速度非常缓慢——经过六次迭代只知道小数点后第一位数字——本节后面的内容会详细介绍). 类似于 $\sqrt{3}$ 等无理数的精确数值当然无法被计算出来.

令 $[l_i,u_i]$ 表示第 i 次迭代时的区间, 令 $m_i=\frac{l_i+u_i}{2}$ 表示区间中点值 (在上例中, $m_1=1.5$, $m_2=1.75$ 等). 于是可以得到先验估计 $|m_i-\sqrt{3}|\leqslant\frac{1}{2}|u_i-l_i|=2^{-i}|u_1-l_1|=2^{-i}|U-L|$, 例如, $|m_6-\sqrt{3}|\leqslant 2^{-6}=\frac{1}{64}=0.015625$. 该估计所得界限为**先验界限**.

在实际计算后, 通常可以得到更好的误差界限, 称之为**后验界限**. 在上例中, 有
[58] $|m_i-\sqrt{3}|=\frac{|m_i^2-3|}{m_i+\sqrt{3}}\leqslant\frac{|m_i^2-3|}{m_i+l_i}$, 对 $i=6$, 得到 $|m_6-\sqrt{3}|\leqslant\frac{0.008056640625}{3.453125}\approx 0.002333$.

二分搜索的离散版本至少与实数版本一样实用:

算法 5.2 (二分搜索 (离散))

输入: 用于计算增函数 $f: \mathbb{Z} \to \mathbb{R}$ 值的神谕. 整数 $L, U \in \mathbb{Z}$, 满足 $L \leqslant U$, 实数 $y \in \mathbb{R}$, 满足 $y \geqslant f(L)$.

输出: $\{L, \cdots, U\}$ 中满足 $f(n) \leqslant y$ 的最大数 n.

$$l \leftarrow L$$
$$u \leftarrow U + 1$$
$$\textbf{while } u > l + 1 \textbf{ do}$$
$$\quad m \leftarrow \lfloor \tfrac{l+u}{2} \rfloor$$
$$\quad \textbf{if } f(m) > y \textbf{ then } u \leftarrow m \textbf{ else } l \leftarrow m$$
$$\textbf{output } l$$

定理 5.3 算法 5.2 能够正常运行, 且在 $O(\log(U - L + 2))$ 次迭代后终止.

证明 事实上 $L \leqslant l \leqslant u - 1 \leqslant U$, $f(l) \leqslant y$, 且 $(u > U$ 或 $f(u) > y)$ 总是成立, 由此算法正确性立得, 即正确的结果始终是集合 $\{l, \cdots, u-1\}$ 中的一个元素.

注意到经过一次迭代, $u - l - 1$ 的减少量至多为

$$\max\left\{ \left\lfloor \frac{l+u}{2} \right\rfloor - l - 1, u - \left\lfloor \frac{l+u}{2} \right\rfloor - 1 \right\} \leqslant \max\left\{ \frac{l+u}{2} - l - 1, u - \frac{l+u-1}{2} - 1 \right\}$$
$$\leqslant \frac{u-l-1}{2},$$

即区间长度 $u - l - 1$ 至少被减半了, 由此运行时间立得. □

二分搜索对在有序数据集合中查找特定数据的情况尤其有效. 输入 `#include <algorithm>` 后, C++ 标准程序库就会提供二分搜索所需的函数. 函数 `binary_search` 就是其中之一, 举例来说, 可以利用这个函数快速检测一个有序 `vector` 型变量是否含有某个特定的元素.

5.2 误差传播

如果在某个特定的时间节点, 计算机存储的数字发生了错误 (由于数据误差或舍入误差 (或二者兼有), 详见上文), 那么对相关数字进行运算则会导致误差的进一步传播. 这一现象称为误差传播. 下述引理描述了在准确执行初等运算的情况下误差是如何传播的. [59]

引理 5.4 对给定的 $x, y \in \mathbb{R}\backslash\{0\}$, 令 $\widetilde{x}, \widetilde{y} \in \mathbb{R}$ 表示它们的近似值, 令 $\varepsilon_x := \frac{x-\widetilde{x}}{x}$, $\varepsilon_y := \frac{y-\widetilde{y}}{y}$ (即, $|\varepsilon_x|$ 和 $|\varepsilon_y|$ 是对应的相对误差). 令 $\varepsilon_\circ := \frac{x \circ y - (\widetilde{x} \circ \widetilde{y})}{x \circ y}$, 其中

$\circ \in \{+, -, \cdot, /\}$, 则可得:

$$\varepsilon_+ = \varepsilon_x \cdot \frac{x}{x+y} + \varepsilon_y \cdot \frac{y}{x+y},$$
$$\varepsilon_- = \varepsilon_x \cdot \frac{x}{x-y} - \varepsilon_y \cdot \frac{y}{x-y},$$
$$\varepsilon_\cdot = \varepsilon_x + \varepsilon_y - \varepsilon_x \cdot \varepsilon_y,$$
$$\varepsilon_/ = \frac{\varepsilon_x - \varepsilon_y}{1 - \varepsilon_y}.$$

证明　显然 $\widetilde{x} = x \cdot (1 - \varepsilon_x)$ 且 $\widetilde{y} = y \cdot (1 - \varepsilon_y)$. 故有:

$$\varepsilon_+ = \frac{x+y-(\widetilde{x}+\widetilde{y})}{x+y} = \frac{x+y-(1-\varepsilon_x)\cdot x-(1-\varepsilon_y)\cdot y}{x+y} = \frac{\varepsilon_x \cdot x}{x+y} + \frac{\varepsilon_y \cdot y}{x+y},$$

ε_- 同理,

$$\varepsilon_\cdot = \frac{x \cdot y - \widetilde{x} \cdot \widetilde{y}}{x \cdot y} = \frac{x \cdot y - (1-\varepsilon_x) \cdot x \cdot (1-\varepsilon_y) \cdot y}{x \cdot y}$$
$$= 1 - (1-\varepsilon_x) \cdot (1-\varepsilon_y) = \varepsilon_x + \varepsilon_y - \varepsilon_x \cdot \varepsilon_y,$$
$$\varepsilon_/ = \frac{x/y - \widetilde{x}/\widetilde{y}}{x/y} = \frac{x/y - ((1-\varepsilon_x)\cdot x)/((1-\varepsilon_y)\cdot y)}{x/y}$$
$$= 1 - \frac{1-\varepsilon_x}{1-\varepsilon_y} = \frac{1-\varepsilon_y-1+\varepsilon_x}{1-\varepsilon_y} = \frac{\varepsilon_x - \varepsilon_y}{1-\varepsilon_y}. \qquad \square$$

　　乘法 $\cdot$ 和除法 / 运算本质上会分别导致相对误差的相加与相减 (至少当相对误差很小时是这样). 但是, 加法 + 和减法 − 运算, 在 $|x \pm y|$ 远小于 $|x|$ 和 $|y|$ 时, 则会导致相对误差的急剧增大. 该情况称为相消, 应该尽可能避免.

[60]　　加法 + 和减法 − 运算会分别导致绝对误差的相加与相减, 但是乘法 $\cdot$ 和除法/运算则有可能使绝对误差急剧增加. 因此, 如果计算过程同时涉及乘法 (或除法) 与加法 (或减法), 则特别容易产生误差.

　　例 5.5　考虑如下线性方程组:

$$10^{-20}x+ \quad\ \ 2y = 1,$$
$$10^{-20}x+ 10^{-20}y = 10^{-20}.$$

用第一个方程减去第二个方程, 得到

$$(2 - 10^{-20})y = 1 - 10^{-20}.$$

在双精度浮点数系 F_{double} 中将数字舍入到邻近的机器数, 得到 $2y = 1$, 所以 $y = 0.5$. 该结果非常接近正确解. 但是, 将这个结果带入第一个方程, 将会得到 $x = 0$, 而这是完全错误的 (带入到第二个方程得到的结果会好一些). 方程的正确解为 $x = \frac{1}{2-10^{-10}} = 0.5000 \cdots$, $y = \frac{1-10^{-20}}{2-10^{-20}} = 0.4999 \cdots$.

第十一章将会对线性方程组的解进行更细致的介绍.

5.3 数值计算问题的条件 (数)

基于上一节的内容可以发现, 在特定的初等运算下, 输入数据的微小 (相对) 误差会导致输出结果产生巨大的 (相对) 误差. 下述定义可以准确地描述这种情况:

定义 5.6 令 $P \subseteq D \times E$ 表示数值计算问题, 其中 $D, E \subseteq \mathbb{R}$. 令 $d \in D$ 是 P 中的具体实例, 且 $d \neq 0$. 于是, d 的 **(相对) 条件数**, 通常记之为 $\kappa(d)$, 定义如下:

$$\limsup_{\varepsilon \to 0} \left\{ \inf \left\{ \frac{\left|\frac{e-e'}{e}\right|}{\left|\frac{d-d'}{d}\right|} : e \in E, (d, e) \in P \right\} : d' \in D, e' \in E, (d', e') \in P, 0 < |d - d'| < \varepsilon \right\}$$

(这里令 $\frac{0}{0} := 0$).

如果 $\kappa(d)$ 表示实例 $d \in D$ 的条件数, 则称问题 P 本身拥有 **(相对) 条件数**

$$\sup \{\kappa(d) : d \in D, d \neq 0\}.$$

[61]

条件数是对 "输入误差引起不可避免的输出误差" 的一种刻画; 或者, 更准确地说, 它是这两种误差的最大比值 (假设输入误差很小).

上述定义可以用多种方式推广到多维问题上; 本书将在 11.6 节中介绍这一内容.

上文给出的相对条件数的定义指的是相对误差的比值. 也可以类似地用绝对误差的比值来定义绝对条件数. 但是绝对条件数并不常用.

命题 5.7 令 $f{:}D \to E$ 表示单射数值计算问题, 其中 $D, E \subseteq \mathbb{R}$. 如果实例 $d \in D$ 满足 $d \neq 0$ 且 $f(d) \neq 0$, 则其条件数定义如下:

$$\frac{|d|}{|f(d)|} \cdot \limsup_{\varepsilon \to 0} \left\{ \frac{|f(d') - f(d)|}{|d' - d|} : d' \in D, 0 < |d - d'| < \varepsilon \right\}.$$

推论 5.8 令 $f : D \to E$ 表示单射数值计算问题, 其中 $D, E \subseteq \mathbb{R}$, 且 f 是可微的. 则满足 $d \neq 0$ 且 $f(d) \neq 0$ 的实例 $d \in D$ 的条件数定义如下:

$$\kappa(d) = \frac{|f'(d)| \cdot |d|}{f(d)}.$$

这个简洁的公式可被迅速推广到多维可微函数上, 在此就不继续深入讨论了.

条件数 $\kappa(d)$ 的值越小越好. 特别地, 条件数不超过 1 的情形都是好的, 因为这表明了微小的误差并不会在求解过程中累积增加. 拥有这种条件数的问题被称为良态问题.

例 5.9

- 令 $f(x) = \sqrt{x}$. 由推论 5.8, 该问题的条件数为 $\frac{\frac{1}{2\sqrt{x}} \cdot x}{\sqrt{x}} = \frac{1}{2}$. 因此平方根函数是良态的.

- 令 $f(x) = x + a$(即, 仅考虑第一个被加数 x 上的误差传播). 则该问题的条件数为 $|\frac{x}{x+a}|$. 因此, 如果 $|x+a|$ 远小于 $|x|$ (相消), 加法就是病态的.

[62]
- 令 $f(x) = a \cdot x$. 则该问题的条件数为 $|\frac{a \cdot x}{a \cdot x}| = 1$. 因此乘法一直是良态的.

5.4　误差分析

如果算法的每个计算步骤都是良态的, 则称该算法是数值稳定的 (对某个具体的实例, 或广泛来说). 仅当给定的问题本身是良态时, 才存在用于求解该问题的数值稳定算法. 由于已经有了良态的概念, 本节就不再给出数值稳定概念的精确定义了.

误差分析可分为:

- **前向误差分析**, 此分析过程研究相对误差在计算中是如何累积的.

- **后向误差分析**, 此分析将每个中间结果都看作受到扰动后的数据的精确值, 并由此估计输入误差需要限定在什么范围内, 才能保证给出的输出结果是正确的.

例 5.10　考虑机器数序列 F 中的两个数字相加:

- **前向误差分析**: $x \oplus y = \mathrm{rd}(x+y) = (x+y) \cdot (1+\varepsilon)$, 其中 $|\varepsilon| \leqslant \mathrm{eps}(F)$.

- **后向误差分析**: $x \oplus y = x \cdot (1+\varepsilon) + y \cdot (1+\varepsilon) = \widetilde{x} + \widetilde{y}$, 其中 $|\varepsilon| \leqslant \mathrm{eps}(F)$, $\widetilde{x} = x \cdot (1+\varepsilon)$, $\widetilde{y} = y \cdot (1+\varepsilon)$.

结合后向误差分析与条件数, 有时可以估计输出结果的误差. 在例 5.1 中, 1.734375 是输入值 $1.734375^2 = 3.008056640625 = 3(1+\varepsilon)$ 的正确解, 其中 $\varepsilon \leqslant 0.00269$. 由于该函数的条件数为 $\frac{1}{2}$, 输出结果的相对误差 $|\frac{\sqrt{3}-1.734375}{\sqrt{3}}|$ 可被粗略限制在 $\frac{1}{2} \cdot 1.00269$ 内. 但由于条件数仅是误差趋于 0 时的极限, 故这种做法并不总是准确的.

误差分析的另一种方法是区间法. 通常用包含 x 的区间 $[a, b]$ 取代并不精确的 x 本身来进行计算. 即使对输入数据 x, 也可用区间 $\{y \in \mathbb{R} : \mathrm{rd}(y) = \mathrm{rd}(x)\}$ 替代. 两个区间的加法可以定义为 $[a_1, b_1] \oplus [a_2, b_2] = [\mathrm{rd}^-(a_1 + a_2), \mathrm{rd}^+(b_1 + b_2)]$, 其中

rd^- 和 rd^+ 分别表示向下和向上取到最接近的机器数. 区间法会使得误差始终保持在某一界限内, 但这种好处显然需要更多的计算量.

在 C++ 中使用区间法时, 需要定义用于存储区间、提供必要的基本运算的类. 比起 rd^- 和 rd^+, 也可使用更快也可能会更强大的舍入函数 (这显然会使得误差界限更宽松), 比如, 在机器数序列 $F(b, m, E_{\min}, E_{\max})$ 中, 分别除以或乘以 $1 + b^{-m}$ 来进行舍入.

[63]

5.5 牛顿法

本节将会进一步讨论一种通常优于二分搜索的近似方法. 但需要注意, 这个算法仅适用于那些在预期值的邻域内导数可求且非零的可微函数, 此外该算法仅在特定的条件下收敛.

考虑问题: 求可微函数 $f: \mathbb{R} \to \mathbb{R}$ 的零点. 从猜测的初始值 x_0 开始, 令

$$x_{n+1} \leftarrow x_n - \frac{f(x_n)}{f'(x_n)}, \quad \text{对 } n = 0, 1, \cdots.$$

显然, 必须要假定 $f'(x_n) \neq 0$. 这种方法由 Isaac Newton 提出, 因此称作牛顿法. 在特定情况下, 它收敛得非常快.

下文给出实例: 为了找到实数 $a \geqslant 1$ 的 (正) 平方根, 只需要计算函数 $f: \mathbb{R} \to \mathbb{R}, f(x) = x^2 - a$ 的正零点. 牛顿法求解过程如下:

$$x_{n+1} \leftarrow x_n - \frac{x_n^2 - a}{2x_n} = \frac{1}{2}\left(x_n + \frac{a}{x_n}\right), \quad \text{对 } n = 0, 1, \cdots.$$

例如, 可以从 $x_0 = 1$ 开始进行迭代. 在近 2000 年前, 亚历山大的海伦就描述了这种求平方根的方法, 但在更早的 2000 年前, 美索不达米亚也提出了这种方法. 因此, 该算法也称作巴比伦方法.

例 5.11 对 $a = 3$, 初始值 $x_0 = 1$, 有:

$$\begin{aligned}
x_1 &= 2 & &= 2 \\
x_2 &= \frac{7}{4} & &= 1.75 \\
x_3 &= \frac{97}{56} & &= 1.732142857\cdots \\
x_4 &= \frac{18817}{10864} & &= 1.732050810\cdots.
\end{aligned}$$

这个序列看起来比例 5.1 中用二分法得到的序列收敛到 $\sqrt{3} = 1.732050807568877\cdots$ 的速度要快得多, 事实也确实如此. 现在对这一现象进行更加精确的描述.

定义 5.12 令 $(x_n)_{n \in \mathbb{N}}$ 表示收敛的实数序列, 令 $x^* := \lim\limits_{n \to \infty} x_n$.
如果存在常数 $c < 1$, 使得对所有的 $n \in \mathbb{N}$, 满足

[64]

$$|x_{n+1} - x^*| \leqslant c \cdot |x_n - x^*|,$$

则称这个序列的**收敛阶** (至少) 是 1.

令 $p > 1$. 如果存在常数 $c \in \mathbb{R}$ 使得对所有的 $n \in \mathbb{N}$, 满足

$$|x_{n+1} - x^*| \leqslant c \cdot |x_n - x^*|^p,$$

则称这个序列的**收敛阶** (至少) 是 p.

如果序列的收敛阶分别是 1 或 2, 则称该序列 (以及计算出该序列的算法) 的收敛是线性或者二次的 (也称该序列线性或二次收敛).

例 5.13 二分搜索中区间长度所形成的序列 (参见例 5.1) 线性收敛 (这里可取 $c = \frac{1}{2}$).

现在将证明计算平方根的巴比伦方法是二次收敛的: 在每一步误差都被平方了.

定理 5.14 令 $a \geqslant 1$ 且 $x_0 \geqslant 1$, 由 $x_{n+1} = \frac{1}{2}(x_n + \frac{a}{x_n})$ (对 $n = 0, 1, \cdots$) 定义的序列 $(x_n)_{n \in \mathbb{N}}$ 有如下三条性质:

(a) $x_1 \geqslant x_2 \geqslant \cdots \geqslant \sqrt{a}$.

(b) 该序列二次收敛到极限 $\lim\limits_{n \to \infty} x_n = \sqrt{a}$; 更具体地, 对所有的 $n \geqslant 0$, 都有:

$$x_{n+1} - \sqrt{a} \leqslant \frac{1}{2}(x_n - \sqrt{a})^2. \tag{5.1}$$

(c) 对所有的 $n \geqslant 1$, 下式成立:

$$x_n - \sqrt{a} \leqslant x_n - \frac{a}{x_n} \leqslant 2(x_n - \sqrt{a}).$$

证明 (a) 由均值不等式 (即, 对所有的 $x, y \geqslant 0$, 由于 $x + y - 2\sqrt{xy} = (\sqrt{x} - \sqrt{y})^2 \geqslant 0$, 可立刻推出算术平均值 $\frac{x+y}{2} \geqslant$ 几何平均值 $\sqrt{xy}$) 可以得到, 对所有 $n \geqslant 0$, 有:

$$\sqrt{a} = \sqrt{x_n \cdot \frac{a}{x_n}} \leqslant \frac{1}{2}\left(x_n + \frac{a}{x_n}\right) = x_{n+1}. \tag{5.2}$$

进一步, 对所有的 $n \geqslant 1$, 都有:

$$x_{n+1} - x_n = \frac{1}{2} \cdot \left(x_n + \frac{a}{x_n} \right) - x_n = \frac{1}{2x_n}(a - x_n^2) \overset{(5.2)}{\leqslant} 0.$$

(b) 对所有的 $n \geqslant 0$, 都有:

$$x_{n+1} - \sqrt{a} = \frac{1}{2} \left(x_n + \frac{a}{x_n} \right) - \sqrt{a} = \frac{1}{2x_n}(x_n^2 + a - 2\sqrt{a}x_n) = \frac{1}{2x_n}(x_n - \sqrt{a})^2.$$

由于 $\frac{1}{x_n}(x_n - \sqrt{a}) \leqslant 1$, 故有 $x_{n+1} - \sqrt{a} \leqslant \frac{1}{2}(x_n - \sqrt{a})$, 由此证明了 $\lim\limits_{n\to\infty} x_n = \sqrt{a}$. 由于 $x_n \geqslant 1$, (5.1) 得证.

(c) 对所有的 $n \in \mathbb{N}$, 都有:

$$x_n - \sqrt{a} \overset{(a)}{\leqslant} x_n - \frac{a}{x_n} = 2x_n - 2x_{n+1} \overset{(a)}{\leqslant} 2(x_n - \sqrt{a}). \qquad \square$$

定理 5.14(c) 提出了终止准则: 对期望的绝对误差界 $\varepsilon > 0$, 算法在 $x_n - \frac{a}{x_n} \leqslant \varepsilon$ 时终止. 算法终止则表明 $x_n - \sqrt{a} \leqslant \varepsilon$. 只要没有满足终止准则, 就有 $x_n - \sqrt{a} > \frac{\varepsilon}{2}$, 也就是说, 在最坏的情况下, 终止准则强了 2 倍.

注意到根据 (5.1), 如果 $|x_n - \sqrt{a}| \leqslant 1$, 收敛速度将尤其快. 直接令 $b := a \cdot 2^{-2\lfloor \log_4 a \rfloor}$, 然后利用上述方法计算 $\sqrt{b}$, 由于 $\sqrt{a} = \sqrt{b} \cdot 2^{\lfloor \log_4 a \rfloor}$ 且 $\sqrt{b} \in [1, 2)$, 可快速求出 $\sqrt{a}$ 的值.

此外, 牛顿法也适用于快速计算大数相除. 为了计算 $\frac{a}{b}$, 可先用牛顿法足够精确地计算出函数 $f : x \mapsto \frac{1}{x} - b$ 的零点, 再将所得结果乘以 a. 给出一种迭代方法如下:

$$x_{n+1} \leftarrow x_n - \frac{\frac{1}{x_n} - b}{-\frac{1}{x_n^2}} = x_n + x_n(1 - bx_n).$$

注意此处并未使用除法. 由于牛顿法在这里也是二次收敛的, 故只需 $O(\log\log n)$ 步迭代就足以计算出 n 位有效数字. 对需要进行的乘法运算, 可使用快速乘法算法 (参见 3.2 节).

第六章

图

许多离散结构都可以用图来进行最好的描述, 而且, 图可以自然地出现在无数应用中. 因此图在离散数学中被认为是最重要的结构.

6.1 基本定义

定义 6.1 设 V 和 E 是有限集合, $V \neq \emptyset$, 若 $\psi : E \to \{X \subseteq V : |X| = 2\}$, 则三元组 (V, E, ψ) 称为**无向图**; 若 $\psi : E \to \{(v, w) \in V \times V : v \neq w\}$, 则三元组 (V, E, ψ) 称为**有向图**. 有向图或无向图都称为**图**. 其中 V 中的元素称为**顶点**, E 中的元素称为**边**.

例 6.2 令 $(\{1, 2, 3, 4, 5\}, \{a, b, c, d, e\}, \{a \mapsto (2, 5), b \mapsto (4, 5), c \mapsto (1, 2), d \mapsto (2, 1), e \mapsto (1, 3)\})$ 表示有五个顶点和五条边的有向图. 图 6.1(a) 展示了这个图在 $\mathbb{R}^2$ 中的画法, 顶点用空心点来表示, 边是连接顶点的直线 (或曲线). 如果这个图是有向图, 那么边上的箭头表示由第一个顶点指向第二个顶点的方向. 图 6.1(b) 展示了一个有七个顶点和六条边的无向图.

若 $e \neq e'$ 且 $\psi(e) = \psi(e')$, 则称这两条边为**平行边**. 没有平行边的图称为**简单图**. 在简单图中, $\psi(e)$ 确定了边 e, 即记为 $G = (V(G), E(G))$, 其中 $E(G) \subseteq \{\{v, w\} : v, w \in V(G), v \neq w\}$, 或 $E(G) \subseteq \{(v, w) : v, w \in V(G), v \neq w\}$. 通常也会利用这些简化符号来表示非简单图, 此时 $E(G)$ 表示多重集. 例如, "$e \in E(G)$ 且 $\psi(e) = (x, y)$" 简记为 "$e = (x, y) \in E(G)$". 图 6.1 中展示了简单有向图和非简单无向图.

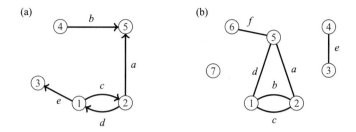

图 6.1 有向图和无向图

对于给定的边 $e = \{x, y\}$ 或 $e = (x, y)$, 我们称 e **连接**两个顶点 x 和 y, 且称这两个顶点**相邻**. 顶点 x 和 y 是 e 的**端点**; x 是 y 的**邻点**, 类似地, y 也是 x 的邻点. 称顶点 x 和 y 与边 e 是**关联的**. 对于边 $e = (x, y)$, 我们称 e **始于** x **终于** y, 或者 e **由** x **指向** y.

下述记号是非常有用的:

定义 6.3 令 G 是一个无向图且 $X \subseteq V(G)$. 定义

$$\delta(X) := \{\{x, y\} \in E(G) : x \in X, y \in V(G) \backslash X\}.$$

集合 $N(X) := \{v \in V(G) \backslash X : \delta(X) \bigcap \delta(\{v\}) \neq \emptyset\}$ 称为 X 的**邻域**.

令 G 为有向图且 $X \subseteq V(G)$. 定义

$$\delta^+(X) := \{(x, y) \in E(G) : x \in X, y \in V(G) \backslash X\},$$

$\delta^-(X) := \delta^+(V(G) \backslash X)$ 且 $\delta(X) := \delta^+(X) \bigcup \delta^-(X)$.

对于图 G 和 $x \in V(G)$, 令 $\delta(x) := \delta(\{x\}), N(x) := N(\{x\}), \delta^+(x) := \delta^+(\{x\}), \delta^-(x) := \delta^-(\{x\})$. $|\delta(x)|$ 称为顶点 x 的**度**, 即与 x 关联的边的数目. 如果 G 是有向的, 则 $|\delta^-(x)|$ 和 $|\delta^+(x)|$ 分别称为 x 的**入度**和**出度**, 且有 $|\delta(x)| = |\delta^+(x)| + |\delta^-(x)|$.

当考虑具有相同顶点集的不同图时, 通常有必要去区分它们. 可以用下标来实现这一目标, 如 $\delta_G(x)$.

定理 6.4 对任意图 G, $\sum_{x \in V(G)} |\delta(x)| = 2|E(G)|$ 成立.

证明 对任意一条边, 恰好有两个顶点与这条边关联. 因此每条边在等式的左边恰好计数两次. □

定理 6.5 对任意有向图 G, $\sum_{x \in V(G)} |\delta^+(x)| = \sum_{x \in V(G)} |\delta^-(x)|$ 成立.

[68]

证明　每条边在等式的两边恰好计数一次.　　　　　　　　　　□

定理 6.4 的直接推论如下:

推论 6.6　对任意图, 奇度点的个数是偶数.

定义 6.7　如果 $V(H) \subseteq V(G)$ 且 $E(H) \subseteq E(G)$, 则图 H 称为图 G 的**子图** (这当然也意味着对所有的 $e \in E(H)$, $\psi(e)$ 在 G 和 H 中是相同的). 也可以说 G **包含**图 H. 如果 $V(G) = V(H)$, 则称 H 为**生成子图**.

如果 $E(H) = \{\{x,y\} \in E(G)|x,y \in V(H)\}$ 或者 $\{(x,y) \in E(G)|x,y \in V(H)\}$, 那么称 H 为**导出子图**. G 的导出子图 H 完全由它的顶点集 $V(H)$ 独自决定. 因此也称 H 为由 $V(H)$ **导出**的 G 的子图, 记为 $G[V(H)]$.

构造子图的两种常用方法如下: 给定图 G, 那么对 $v \in V(G)$, 定义 $G - v := G[V(G)\backslash\{v\}]$. 类似地, 对 $e \in E(G)$, 定义 $G - e := (V(G), E(G)\backslash\{e\})$.

6.2　路和圈

定义 6.8　在图 G 中, 序列 $x_1, e_1, x_2, e_2, \cdots, x_k, e_k, x_{k+1}$ 称为**边连续序列** (edge progression) (从 x_1 到 x_{k+1}), 其中 $k \in \mathbb{N}\bigcup\{0\}$, 且对于 $i = 1,2,\cdots,k$ 有 $e_i = (x_i, x_{i+1}) \in E(G)$ 或者 $e_i = \{x_i, x_{i+1}\} \in E(G)$. 如果 $x_1 = x_{k+1}$, 那么该边连续序列称为**闭的**.

称图 $P = (\{x_1,\cdots,x_{k+1}\},\{e_1,\cdots,e_k\})$ $(k \geqslant 0)$ 为**路**, 其中 $x_1, e_1, x_2, e_2, \cdots, x_k, e_k, x_{k+1}$ 是边连续序列 (有 $k+1$ 个不同的顶点). 亦称 P 为 x_1-x_{k+1}-**路**或者 P **连接** x_1 和 x_{k+1}. 顶点 x_1 和 x_{k+1} 称为路 P 的**端点**; 顶点 $v \in V(P)\backslash\{x_1,x_{k+1}\}$ 称为 P 的**内点**.

称 $C = (\{x_1,\cdots,x_k\},\{e_1,\cdots,e_k\})$ 为**圈**, 其中 $k \geqslant 2$. C 满足 $x_1, e_1, x_2, e_2, \cdots, x_k, e_k, x_1$ 是闭的边连续序列 (有 k 个不同的顶点).

路或者圈中边的数目称为**长度**. 如果一条路或者一个圈是 G 的子图, 则称 G 中有路或圈.

如果在图 G 中存在 x-y-路, 则称顶点 y 是由顶点 x **可达**的. 由于下述引理保证了传递性, 故在无向图中这个性质定义了等价关系.

引理 6.9　令 G 是图且 $x,y \in V(G)$, 那么 G 中存在 x-y-路当且仅当 G 中存在由 x 到 y 的边连续序列.

[69]　　**证明**　"⇒": 由定义可得, x-y-路是从 x 到 y 的边连续序列.

"⇐": 假设在给定的由 x 到 y 的边连续序列上, 顶点 v 出现超过一次. 那么删

除位于顶点 v 第一次出现和最后一次出现之间的所有顶点和边, 重复这个步骤, 最后得到 x-y-路. □

如果两个图没有共同的边或点, 那么分别称这个图为**边不交的**或者**点不交的**.

引理 6.10 设 G 是无向图且对每个 $v \in V(G)$ 都有 $|\delta(v)|$ 是偶数, 或者, G 是有向图且对每个 $v \in V(G)$ 都有 $|\delta^-(v)| = |\delta^+(v)|$, 那么对某个 $k \geqslant 0$, 存在两两边不交的圈 $C_1, \cdots, C_k$ 满足 $E(G) = E(C_1) \bigcup \cdots \bigcup E(C_k)$.

证明 对 $|E(G)|$ 进行归纳证明. 当 $E(G) = \emptyset$ 时, 该论述显然成立. 如果 $E(G) \neq \emptyset$, 则只需找到一个圈即可, 因为删除这个圈中的所有边得到的子图仍然满足引理的条件. 因此令 $e = \{x, y\}$ 或者 $e = (x, y)$ 为一条边, 引理的条件保证了至少存在另一条关联于 y 或者由 y 出发的边 e'. 接着继续考虑 e' 的另一个端点, 用这一方式可以构造边连续序列, 它的所有边都是不同的, 并且在至多 $|V(G)|$ 步之后到达之前遇到的一个顶点. 这样就得到了所需的圈. □

两个集合 A 和 B 的**对称差**定义为 $A \triangle B := (A \backslash B) \cup (B \backslash A)$. 另外, 用 $A \dot{\cup} B$ 表示**不交并**, 它包含了 $A \triangle B$ 中每个元素的一个拷贝和 $A \bigcap B$ 中每个元素的两个拷贝.

引理 6.11 令 G 是图, P 和 Q 分别是 G 中的两条 s-t-路和 t-s-路, 且 $P \neq Q$, 那么 $(V(P) \bigcup V(Q), E(P) \bigcup E(Q))$ 包含圈.

证明 考虑两种情况: 如果 G 是无向的, 令 $C := E(P) \triangle E(Q)$; 如果 G 是有向的, 令 $C := E(P) \dot{\cup} E(Q)$. 令 $H := (V(G), C)$. 第一种情况中, H 的每个点都是偶度点. 在第二种情况中, 对每个顶点 $v \in V(G)$ 有 $|\delta_H^-(v)| = |\delta_H^+(v)|$. 由引理 6.10 可知, 两种情况中 $E(H) = C$ 是圈的边集不交并. 这些圈中的每个圈, 都不会包含 G 中的边两次. 由于 $P \neq Q$, 故有 $\emptyset \neq C \subseteq E(P) \dot{\cup} E(Q)$, 引理得证. □

6.3 连通性和树

本节将介绍连通图, 尤其是给定顶点集的极小连通图.

设 $\mathcal{F}$ 是集合族或者图族, 且 $F \in \mathcal{F}$, 若 $\mathcal{F}$ 中不存在 F 的真子集或者真子图, 则 F 是极小的. 类似地, 如果 F 不是 $\mathcal{F}$ 中任一元素的真子集或者真子图, 则 F 是极大的. 需要注意的是 $\mathcal{F}$ 中的极小集或极大集不一定是最小集或最大集. 最小或者最大指的是集合的基数. [70]

定义 6.12 给定无向图 G, 如果 G 中任意两个顶点 $x, y \in V(G)$ 之间存在一条 x-y-路, 则称 G 是**连通**的, 否则, 称 G 是**不连通**的. 称 G 的极大连通子图为 G

的**连通分支**. 如果顶点 v 不是 G 的唯一顶点且 $G-v$ 有比 G 更多的连通分支, 则称 v 为**连接** (articulation) **顶点**. 如果 $G-e$ 有比 G 更多的连通分支, 则称 e 为**桥**.

例如, 图 6.1(b) 中的无向图有三个连通分支、两个桥 (e 和 f) 和一个连接顶点 (5). 图的连通分支是由可达性关系的等价类导出的子图.

定理 6.13   无向图 G 是连通的当且仅当对于所有的 $\emptyset \subset X \subset V(G)$ 有 $\delta(X) \neq \emptyset$.

证明   "⇒": 令 $\emptyset \subset X \subset V(G)$, 且 $x \in X, y \in V(G)\backslash X$. 因为 G 是连通的, 所以 G 中存在一条 x-y-路. 又因为 $x \in X$ 但是 $y \notin X$, 这条路包含边 $\{a,b\}$, 其中 $a \in X$ 且 $b \notin X$. 因此 $\delta(X) \neq \emptyset$.

"⇐": 假设 G 是不连通的. 令 a 和 b 表示在 $V(G)$ 中不存在 a-b-路的两个顶点. 令 X 为由 a 可达的顶点集合. 因为 $a \in X$ 但 $b \notin X$, 所以得到 $\emptyset \subset X \subset V(G)$. 更进一步, 由 X 的定义, 有 $\delta(X) = \emptyset$. 然而这与 X 的假设矛盾. □

备注 6.14   定理 6.13 提供了判定给定图 G 是否连通的方法: 对任一集合 X 且 $\emptyset \subset X \subset V(G)$, 计算 $\delta(X)$. 然而, 因为有 $2^{|V(G)|} - 2$ 个这样的子集 X, 所以需要指数级的运行时间. 下文将会介绍更好的算法.

定义 6.15   无圈的无向图称为**森林**, 连通的森林称为**树**, 树中度为 1 的点称为**叶子点**.

因此森林的连通分支都是树.

定理 6.16   包含至少两个顶点的树至少有两个叶子点.

证明   考虑树的一条最长路. 显然, 这条路的长度 ≥ 1. 因为没有圈, 所以路的两个端点都是叶子点. □

引理 6.17   设 G 是有 n 个顶点、m 条边和 p 个连通分支的森林, 则 $n = m+p$.

证明   对 m 进行归纳. 当 $m = 0$ 时这个引理显然成立. 如果 $m \geq 1$, 则存在 G 的一个连通分支包含至少两个顶点, 由定理 6.16 知, 也有一个叶子点 v. 删除与顶点 v 相关联的边, 连通分支的数增加 1. 由归纳假设可得 $n = (m-1)+(p+1) = m+p$. □

定理 6.18   设 G 是有 n 个顶点的无向图, 则下述七个论断等价:

(a) G 是树.

(b) G 有 $n-1$ 条边且不包含圈.

(c) G 是连通的且有 $n-1$ 条边.

(d) G 是顶点集为 $V(G)$ 的极小连通图 (即 G 是连通图且 G 的每条边都是桥).

(e) G 是顶点集为 $V(G)$ 的极小图, 且满足对所有的 $\emptyset \subset X \subset V(G)$ 有 $\delta(X) \neq \emptyset$.

(f) G 是顶点集为 $V(G)$ 的极大森林 (即添加任一条边产生一个圈).

(g) G 的任何两个顶点恰好有一条路连接.

证明   (a)⇒(g)   由引理 6.11 可知, 森林中任意两个顶点至多有一条路连接, 连通图中任意两个顶点至少有一条路连接.

(g)⇒(d)   由定义知, G 是连通的. 假设对某条边 e, $G-e$ 是连通的, 那么 G 中 e 的两个端点有两条不同的路连接. 这与 (g) 矛盾.

(e)⇔(d)   由定理 6.13 即得.

(d)⇒(f)   如果每条边都是桥, 那么 G 不包含圈. 如果 G 是连通的, 那么添加任一条边都会产生一个圈.

(f)⇒(b) G 的极大性意味着 G 是连通的, 从而由引理 6.17 可得 $|E(G)| = |V(G)| - 1$.

(b)⇒(c)   由引理 6.17 即得.

(c)⇒(a)   如果一个连通图包含一个圈, 则可以删掉一条边使得这个图仍然连通. 重复这个操作, 删除 k 条边之后, 将终止于有 $n-1-k$ 条边的连通森林. 由引理 6.17 可得 $k=0$.   □

推论 6.19   无向图是连通的当且仅当这个图包含一棵生成树.

证明   由定理 6.18 的 (d)⇔(a) 即得.   □ [72]

6.4   强连通性和树形图

定义 6.20   给定有向图 G, 有时也会考虑它的**基图**, 即满足 $V(G) = V(G')$ 和如下性质的无向图 G': 对所有 $(v,w) \in E(G)$, 都存在一个双射 $\phi: E(G) \to E(G')$ 使得 $\phi((v,w)) = \{v,w\}$. G 也称为 G' 的一个**定向**.

如果有向图 G 的基础无向图是连通的, 则称其为 **(弱) 连通的**. 如果对所有的点对 $s,t \in V(G)$, 都存在从 s 到 t 的路以及从 t 到 s 的路, 则称 G 是**强连通的**. 有向图的**强连通分支** (strongly connected component) 指的是极大强连通子图.

图 6.1(a) 中的有向图是 (弱) 连通的且有四个强连通分支.

固定顶点 r, 检验是否所有的点都是由 r 可达的.

定理 6.21   设 G 是有向图且 $r \in V(G)$, 那么对每个点 $v \in V(G)$, 存在一条

r-v-路当且仅当对满足 $r \in X$ 的所有 $X \subset V(G)$, 有 $\delta^+(X) \neq \emptyset$.

证明   该证明与定理 6.13 的证明类似.   □

定义 6.22   如果基础无向图是森林且每个点入度至多为 1, 则称这个有向图为**分枝** (branching). 连通分枝称为**树形图**. 由定理 6.18 知, n 个点的树形图有 $n-1$ 条边, 从而恰好有一个点 r 满足 $\delta^-(r) = \emptyset$. 这个点称为树形图的**根**. 对分枝的任意边 (v, w), 称 w 为 v 的**子节点**, v 为 w 的**父节点**, 没有子节点的点称为**叶子点**.

定理 6.23   设 G 是 n 个点的有向图且 $r \in V(G)$, 则下述七个论述等价:
(a) G 是根节点为 r 的树形图 (即满足 $\delta^-(r) = \emptyset$ 的连通分枝).
(b) G 是有 $n-1$ 条边的分枝且 $\delta^-(r) = \emptyset$.
(c) G 有 $n-1$ 条边且每个点都是由 r 可达的.
(d) 每个点都是由 r 可达的, 但是删除任意一条边后就会破坏这个性质.
(e) 对满足 $r \in X$ 的所有 $X \subset V(G)$, G 满足 $\delta^+(X) \neq \emptyset$, 但删除 G 的任意边后就会破坏这一性质.
(f) $\delta^-(r) = \emptyset$ 且对每个点 $v \in V(G)$, 都存在唯一确定的由 r 到 v 的边连续序列.
(g) $\delta^-(r) = \emptyset$, 对所有的 $v \in V(G) \setminus \{r\}$ 有 $|\delta^-(v)| = 1$, 且 G 没有圈.

[73]   **证明**   (a)⇔(b) 且 (c)⇒(d)   在基础无向图上应用定理 6.18 即得.
(b)⇒(c)   对所有的 $v \in V(G) \setminus \{r\}$, 有 $|\delta^-(v)| = 1$. 因此对每个 v, 都有一条 r-v-路 (由 v 开始沿着可到达的边一直到点 r).
(d)⇔(e)   由定理 6.21 即得.
(d)⇒(f)   (d) 中所述的极小性质蕴含着 $\delta^-(r) = \emptyset$. 假设对某个 v, 存在由 r 到 v 的两个不同的边连续序列 P 和 Q, 那么 $v \neq r$. 选取 v, P 和 Q 使得这两个边连续序列的长度之和是极小的. 那么显然 P 和 Q 的最后一条边 (在 v 点结束) 是不同的. 这意味着删除这两条边中的一条将不会破坏所有点由 r 可达的性质.
(f)⇒(g)   如果每个点都是由 r 可达的, 且对某个 $v \in V(G)\setminus\{r\}$, 有 $|\delta^-(v)| > 1$, 那存在两个由 r 到 v 的边连续序列. 如果图 G 包含一个圈 C, 那么取点 $v \in V(C)$ 并考虑 r-v-路 P, 于是 P 顺着圈 C 会形成又一个由 r 到 v 的边连续序列.
(g)⇒(b)   如果对所有 $v \in V(G)$, 都有 $|\delta^-(v)| \leqslant 1$ 成立, 那么基础无向图为圈的每个子图本身都是 (有向) 圈. 因此 (g) 意味着 G 是一个分枝.   □

推论 6.24   有向图 G 是强连通的, 当且仅当对任一 $r \in V(G)$, G 包含一个根

节点为 r 的生成树形图.

证明　由定理 6.23 的 (d)⇔(a) 即得.　　　　　　　　　　　　　□

6.5　漫谈: 基本数据结构

数据结构是一种对象 (在 C++ 中称为类), 其中可以存储一组类型相同的不同对象 ("元素"), 以及一组可以在元素上执行的运算. 典型的运算实例如下:

- 创建空的数据结构 (构造函数);

- 添加元素;

- 找到元素;

- 删除元素;

- 扫描所有元素;

- 删除数据结构 (析构函数).

数组或许是最简单的数据结构, 它包含固定数量的按顺序排列的相同类型的存储空间. 每个这样的存储空间可以通过索引识别, 通过这种方式可以读取或写入 (这称为随机访问). 数组也可以是多维的, 例如矩阵存储. 在 C++ 中插入 `#include <array>` 后即可调用命令 "`std::array<`*typename*`,`*number*`>`;" 定义数组, 此处 *typename* 记录存储在数组中元素的类型, *number* 表示存储在数组中元素的数目. [74]

在 C++ 中, `vector` 也包含这样的数组. 然而, 用 `vector` 实现的数组的长度是变量, 因此进行 `push-back` 这样的运算是有可能的. 如果有必要的话, 也可以将原数组复制到更大的数组中.

在数组中 (也可以是在 `vector` 中), 除非已经知道对象的索引, 否则访问它 (或者删除这个元素) 通常需要扫描所有项. 如果存储的对象按一定的顺序排列且数组的项是有序存储的, 则可以利用二分搜索 (算法 5.2) 更快地访问数组的项, 其时间复杂度是 $O(\log n)$, 其中 n 是数组的长度. 然而, 如果保持顺序, 那么插入一个对象是相当困难的: 将需要 $O(n)$ 时间. 如果想要在删除一个元素后 (即使已经知道了这个元素的索引), 仍然保证数组中没有间隔并且保留剩余元素的顺序, 其时间复杂度是 $O(n)$.

可以用**列表** (list) 有效地实现后者. 此外, 列表的元素通常以一定的顺序给出. 但是列表中的各个元素可以完全独立地存储在内存当中的任何地方. 每个元素都包含指向下一个元素 (后续元素) 位置的指针. 列表中的最后一个元素记录的是空指针 (在 C++ 中称为 nullptr), 这标志着列表的结束. 另外, 为了扫描列表需要另一个指针去指向列表的第一个元素 (表头).

列表可以是单向或者双向链. 双链表 (图 6.2) 的每个元素均会额外存储记录前驱元素的指针. 这使得计算机能够快速删除位置已知的元素: 计算步数由独立于列表规模的常数界定, 也可以说时间复杂度是 $O(1)$.

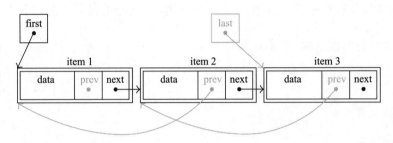

图 6.2　有三个元素的双链表. 每个元素包含一个数据条目、一个前向指针和一个后向指针. 没有箭头的点标志着 nullptr. 元素存储在堆中. 变量 first 和变量 last 是位于栈中的指针, 删除所有的灰色线条即可得到单链表

列表有以下劣势: 不能利用二分搜索去搜索列表. 此外, 扫描列表比扫描数组更慢 (虽然只是一个常数因子). 因为利用今天的计算机访问连续不断的存储地点比访问离散的存储地点更快.

[75]

另一种基本数据结构就是所谓的**栈**. 在栈中通过添加元素到 "top" 来存储, 且仅可删除 "top" 元素 (即最后添加的). 我们称这为 LIFO 存储器 (后进先出). 例如, 可以用 vector 中 push_back 和 pop_back 等运算来实现. 主存储器的一部分组成了栈, 见 2.2 节.

另一方面, 在某种程度上**队列**是栈的对立面. 这里总是添加元素到一端来存储, 但是从另一端来删除它们. 因此称其为 FIFO 存储器 (先进先出).

队列很容易以 (单链) 列表的形式来实现, 如程序 6.25 所示. 由于在队列中存储的对象类型因应用程序而异, 因此不固定它而是利用 template 来构造. 这个详细阐述在 **C++ 详解 (6.1)** 中. new 和 delete 命令分别开辟所需的存储空间 (在堆中; 比较 2.2 节) 或释放它. queue 类包含 item 子类, 其中 item 包含 T 类的元素 (模板参数) 和指向下一个 item 的指针.

程序 6.25 (队列)

```
1  // queue.h (Queue)
2
3  template <typename T> class Queue { // T is a type to be
```

```
      specified by user
 4 public:
 5     ~Queue()                        // destructor
 6     {
 7         clear();
 8     }
 9
10     bool is_empty() const
11     {
12         return _front == nullptr;
13     }
14
15     void clear()
16     {
17         while (not is_empty()) {
18             pop_front();
19         }
20     }
21
22     void push_back(const T & object) // insert object at end of
           queue
23     {
24         Item * cur = new Item(object); // get new memory for Item
               at address cur,
25                                 // initialize with object and nullptr
26         if (is_empty()) {
27             _front = cur;
28         }
29         else {
30             _back->_next = cur; // p->n is abbreviation for (*p).n
31         }
32         _back = cur;
33     }
34
```

```
35    T pop_front()   // delete and return first object of queue
36    {                // ATTENTION: queue must not be empty!
37        Item * cur = _front;
38        if (_back == _front) {
39            _front = nullptr;
40            _back = nullptr;
41        }
42        else {
43            _front = _front->_next;
44        }
45        T object = cur->_object;
46        delete cur; // free memory for 1 Item at address cur
47        return object;
48    }
49
50 private:
51    struct Item {            // struct is a class where by
52        Item(const T & object) : _object(object) {} // default
            everything is public
53
54        T _object;
55        Item * _next = nullptr; // pointer to the next Item (or
            nullptr)
56    };
57
58    Item * _front = nullptr; // _front and _back are pointers to
59    Item * _back = nullptr;  // variables of type Item, or the
60 };                          // nullptr if queue is empty
```

[76]

C++ 详解 (6.1): 类模板

　　借助于所谓的**模板参数**, 可以显著提高类的适用性, 从而避免非常相似的代码片段重复出现. 上文已经展示了模板参数的使用和抽象数据类 vector 的关系: 通过调用 vector<*typename*> 可定义元素类型是 *typename* 的 vector. 如程序 6.25 的第 3 行所示, 在关键字 class 前写上 template<typename T> 即可为类添加模板参数. 可用任意的符号代替 T. 在 queue 类的定义中, 可以定义和使用类型为 T 的对象. 命令 "queue<*typename*> q;" 定义了元素为指定类型的队列. 这里 *typename* 不仅可以是标准的 C++ 数据类型, 也可以是任意类型或类. 在定义类时, 也可规定超过一个模板参数, 用逗号将这些参数分开即可.

程序 6.25 所展示的队列实现仅仅是如何为抽象数据类型写程序的简单实例. 实际上, 该实现不是非常有效, 因为在堆中元素的每次添加或删除分别伴随着存储空间的需求或释放. 实质上在 C++ 标准库中包含更有效的队列实现. 插入 #include <queue> 后, 可用 std::queue<*datatype*> 定义队列. 相比在程序 6.25 中所实现的, 这个方法支持更多的操作. 下一章将给出抽象数据类队列的应用. [77]

6.6 图的表示

通过存储顶点的数目 n、边的数目 m, 以及对任意的 $i \in \{1, \cdots, m\}$, 第 i 条边的两个端点编号 (关于图的边和点的固定编号), 可以很容易将图存储在计算机中. 然而, 这一方式并不便捷. 利用其他数据结构, 可以更快地确定某一顶点与哪条边关联; 这在图的几乎所有的算法中都是必需的.

定义 6.26 设 $G = (V, E, \psi)$ 是有 n 个点和 m 条边的图. 矩阵 $A = (a_{x,y})_{x,y \in V} \in \mathbb{Z}^{n \times n}$ 称为 G 的**邻接矩阵**, 其中

$$a_{x,y} = |\{e \in E : \psi(e) = \{x, y\} \text{ 或 } \psi(e) = (x, y)\}|.$$

矩阵 $A = (a_{x,e})_{x \in V, e \in E} \in \mathbb{Z}^{n \times m}$ 称作 G 的**关联矩阵**, 其中如果 G 是无向图, 则

$$a_{x,e} = \begin{cases} 1, & \text{如果 } x \text{ 是 } e \text{ 的端点,} \\ 0, & \text{否则.} \end{cases}$$

如果 G 是有向图, 则

$$a_{x,e} = \begin{cases} -1, & \text{如果 } e \text{ 始于 } x, \\ 1, & \text{如果 } e \text{ 终于 } x, \\ 0, & \text{否则.} \end{cases}$$

例 6.27

邻接矩阵

	1	2	3	4
1	0	0	1	0
2	1	0	0	0
3	0	2	1	1
4	0	0	0	0

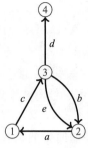

关联矩阵

	a	b	c	d	e
1	1	0	-1	0	0
2	-1	1	0	0	1
3	0	-1	1	-1	-1
4	0	0	0	1	0

这些矩阵的基本缺点是它们的高内存要求. 为了使结果更加精确, 需要将 Landau 符号 (定义 1.13) 扩展到图上.

令 $\mathcal{G}$ 表示所有图的集合, $f : \mathcal{G} \to \mathbb{R}_{\geqslant 0}$ 且 $g : \mathcal{G} \to \mathbb{R}_{\geqslant 0}$. 如果存在 $\alpha > 0$ 且 $n_0 \in \mathbb{N}$, 对满足 $|V(G)| + |E(G)| \geqslant n_0$ 的所有 $G \in \mathcal{G}$, 有 $f(G) \leqslant \beta \cdot g(G)$ 成立, 则称 $f = O(g)$. 换言之: 如果 f 大于 g, 则乘以至多一个常数因子, 可能具有有限数量的例外 (对代替 $\mathcal{G}$ 的任何可列集, 这个记号也可以使用). 记号 Ω 和 Θ 可类似地扩充. 函数 f 通常描述算法的时间复杂度或内存需求; g 通常仅依赖于点和边的数目.

因此可以说: 邻接矩阵和关联矩阵的内存需求分别是 $\Omega(n^2)$ 和 $\Theta(nm)$, 其中 $n = |V(G)|$ 且 $m = |E(G)|$. 例如, 对 $\Theta(n)$ 条边的图 (通常就是这样), 这远远超过所需求的内存.

用**邻接表**来表示图通常需要更少的内存. 注意到, 对每个顶点, 都有一个与之关联的所有边的列表 (或者, 对于简单图, 有时只是所有相邻顶点的列表). 对有向图, 当然有两个列表, 一个用于入边而另一个用于出边.

例 6.28 例 6.27 中描述的表示有向图的邻接表具有如下的形式, 这里符号 ■ 表示在每种情形下列表的末端.

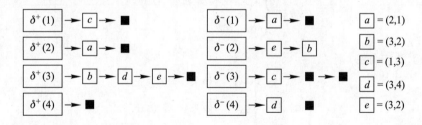

邻接表可以根据需要由单链表、双链表或数组组成. 一般情况下, 必须假设邻接表中的边是无序的.

大多数情况下邻接表是首选的数据结构, 特别地, 对每个点 v 该结构能够在线性时间内扫描 $\delta(v)$ 或 $\delta^+(v)$ 和 $\delta^-(v)$, 并且内存需求与点数和边数成正比 (通常假设每个指针、每个点索引和边索引仅需固定数量的内存). 因此在接下来所有算法中利用该数据结构. 所以, 访问边列表中的下一条边或边的端点被认为是基本运算.

本节在下文中给出 C++ 实现. Graph 类允许有向图和无向图的存储. 变量 dirtype 决定了图的类型. 图类有两个不同的构造函数. 一个构造函数以点数作为第一参数, 另一个以文件名作为第一参数. 这两个构造函数都有第二个参数, 该参数决定生成的图是有向的还是无向的. [79]

Graph 类包含 Node 点子类和 Neighbor 邻点子类. 在有向图中, 对于特定的顶点将其可经出边到达的所有点存储于邻点子类中. 用这样的方式可实现同时适用于有向图和无向图的算法, 而不必区分这两类图.

程序 testgraph.cpp 的功能是从文件中读取图. 文件名作为命令行参数输入到程序中, 详见 C++ 详解 (6.2). 在此假设相关文件在其第一行中包含图的顶点数, 并且顶点从 0 开始连续编号. 文件用单独的一行存储图的每条边, 每行列出两个值和可选的第三个值, 即相关边的端点编号和它的权重.

C++ 详解 (6.2): 命令行参数

函数 main 可以有两个参数, 在这种情况下, 它们应该像程序 testgraph.cpp 中一样. 如果该程序调用 "programname par1 ... par$n$" 则 argc = $n+1$, argv[i]=par$i$, 其中 $i = 1, \cdots, n$, 且 argv[0]=programname. char* 类型用于 C 型字符串 (事实上在 main 函数中仅要求作为参数): 指向符号的指针, 后面可以跟着其他符号; 这些都是字符串的一部分直到 0 字符 (ASCII 码 0) 出现 (这显然本身不属于该字符串).

如果 T 是一个类型且 p 是指向 T* 的指针, 则 p[i] 表示存储地址是 p+i·sizeof(T) 的 T 类型变量.

程序 6.29 (图)

```
1  // graph.h (Declaration of Class Graph)
2  #ifndef GRAPH_H
3  #define GRAPH_H
4
5  #include <iostream>
6  #include <vector>
7
8  class Graph {
9  public:
```

```cpp
using NodeId = int;//vertices are numbered 0,...,num_nodes()-1

class Neighbor {
public:
    Neighbor(Graph::NodeId n, double w);
    double edge_weight() const;
    Graph::NodeId id() const;
private:
    Graph::NodeId _id;
    double _edge_weight;
};

class Node {
public:
    void add_neighbor(Graph::NodeId nodeid, double weight);
    const std::vector<Neighbor> & adjacent_nodes() const;
private:
    std::vector<Neighbor> _neighbors;
};

enum DirType {directed, undirected}; // enum defines a type
    with possible values
Graph(NodeId num_nodes, DirType dirtype);
Graph(char const* filename, DirType dirtype);

void add_nodes(NodeId num_new_nodes);
void add_edge(NodeId tail, NodeId head, double weight = 1.0);

NodeId num_nodes() const;
const Node & get_node(NodeId) const;
void print() const;

const DirType dirtype;
static const NodeId invalid_node;
```

```
43    static const double infinite_weight;

44

45  private:

46    std::vector<Node> _nodes;

47  };

48

49  #endif // GRAPH_H

 1  // graph.cpp (Implementation of Class Graph)

 2

 3  #include <fstream>

 4  #include <sstream>

 5  #include <stdexcept>

 6  #include <limits>

 7  #include "graph.h"

 8

 9  const Graph::NodeId Graph::invalid_node = -1;

10  const double Graph::infinite_weight=std::numeric_limits<double
       >::max();

11

12

13  void Graph::add_nodes(NodeId num_new_nodes)

14  {

15    _nodes.resize(num_nodes() + num_new_nodes);

16  }

17

18  Graph::Neighbor::Neighbor(Graph::NodeId n, double w): _id(n),
       _edge_weight(w) {}

19

20  Graph::Graph(NodeId num, DirType dtype): dirtype(dtype), _nodes
       (num) {}

21

22  void Graph::add_edge(NodeId tail, NodeId head, double weight)

23  {

24    if (tail >= num_nodes() or tail < 0 or head >= num_nodes() or
```

```
        head < 0) {
25          throw std::runtime_error("Edge cannot be added due to
                undefined endpoint.");
26      }
27      _nodes[tail].add_neighbor(head, weight);
28      if (dirtype == Graph::undirected) {
29          _nodes[head].add_neighbor(tail, weight);
30      }
31  }
32
33  void Graph::Node::add_neighbor(Graph::NodeId nodeid, double
        weight)
34  {
35      _neighbors.push_back(Graph::Neighbor(nodeid, weight));
36  }
37
38  const std::vector<Graph::Neighbor> & Graph::Node::adjacent_nodes
        () const
39  {
40      return _neighbors;
41  }
42
43  Graph::NodeId Graph::num_nodes() const
44  {
45      return _nodes.size();
46  }
47
48  const Graph::Node & Graph::get_node(NodeId node) const
49  {
50      if (node < 0 or node >= static_cast<int>(_nodes.size())) {
51          throw std::runtime_error("Invalid nodeid in Graph::
                get_node.");
52      }
53      return _nodes[node];
```

```
54   }
55
56   Graph::NodeId Graph::Neighbor::id() const
57   {
58       return _id;
59   }
60
61   double Graph::Neighbor::edge_weight() const
62   {
63       return _edge_weight;
64   }
65
66   void Graph::print() const
67   {
68       if (dirtype == Graph::directed) {
69           std::cout << "Digraph ";
70       } else {
71           std::cout << "Undirected graph ";
72       }
73       std::cout << "with " << num_nodes() << " vertices, numbered
             0,...,"
74                   << num_nodes() - 1 << ".\n";
75
76       for (auto nodeid = 0; nodeid < num_nodes(); ++nodeid) {
77           std::cout << "The following edges are ";
78           if (dirtype == Graph::directed) {
79               std::cout << "leaving";
80           } else {
81               std::cout << "incident to";
82           }
83           std::cout << " vertex " << nodeid << ":\n";
84           for (auto neighbor: _nodes[nodeid].adjacent_nodes()) {
85               std::cout << nodeid << " - " << neighbor.id()
86                           << " weight = " << neighbor.edge_weight()
```

```
                              << "\n";
87            }
88        }
89    }
90
91    Graph::Graph(char const * filename, DirType dtype): dirtype(
          dtype)
92    {
93        std::ifstream file(filename);                    // open file
94        if (not file) {
95            throw std::runtime_error("Cannot open file.");
96        }
97
98        Graph::NodeId num = 0;
99        std::string line;
100       std::getline(file, line);         // get first line of file
101       std::stringstream ss(line); // convert line to a stringstream
102       ss >> num;                        // for which we can use >>
103       if (not ss) {
104           throw std::runtime_error("Invalid file format.");
105       }
106       add_nodes(num);
107
108       while (std::getline(file, line)) {
109           std::stringstream ss(line);
110           Graph::NodeId head, tail;
111           ss >> tail >> head;
112           if (not ss) {
113               throw std::runtime_error("Invalid file format.");
114           }
115           double weight = 1.0;
116           ss >> weight;
117           if (tail != head) {
118               add_edge(tail, head, weight);
```

```
119        }
120        else {
121            throw std::runtime_error("Invalid file format: loops
                   not allowed.");
122        }
123    }
124 }
```

```
1   // testgraph.cpp (Read Digraph from File and Print)
2
3   #include "graph.h"
4
5   int main(int argc, char* argv[])
6   {
7       if (argc > 1) {
8           Graph g(argv[1], Graph::directed);
9           g.print();
10      }
11  }
```

[80~83]

第七章

简单的图算法

本章将介绍一些简单的图算法, 从图的 "搜索" 出发: 例如, 去发现由一个给定顶点可达的那些顶点. 本章提出的算法可以提供更多的信息, 并且可以应用到众多的应用问题中去.

7.1 图的遍历算法

本节首先介绍用伪代码表示的图遍历算法.

算法 7.1 (图的遍历)

输入: 图 G, 顶点 $r \in V(G)$.

输出: 由 r 可达的顶点集 $R \subseteq V(G)$ 和集合 $F \subseteq E(G)$, 满足 (R, F) 是以 r 为根的树形图或树.

$$R \leftarrow \{r\}, Q \leftarrow \{r\}, F \leftarrow \emptyset$$
while $Q \neq \emptyset$ **do**
    选择 $v \in Q$
    if $\exists e = (v, w) \in \delta_G^+(v)$ 或 $e = \{v, w\} \in \delta_G^+(v), w \in V(G) \setminus R$
        then $R \leftarrow R \bigcup \{w\}, Q \leftarrow Q \bigcup \{w\}, F \leftarrow F \bigcup \{e\}$
        else $Q \leftarrow Q \setminus \{v\}$
output (R, F)

定理 7.2 算法 7.1 能够正确执行, 且复杂度为 $O(n+m)$, 其中 $n = |V(G)|$, $m = |E(G[R])| \leqslant |E(G)|$. [85]

证明 首先证明以下断言: 在每个时间节点, (R,F) 是图 G 的以 r 为根的树或树形图. 算法初始时, 这显然成立. 只有当新加入顶点 w 以及边 e(从 v 到 w), (R,F) 才会发生变化, 其中 $v \in R$ 但 $w \notin R$. 因此 (R,F) 仍是以 r 为根的树或树形图.

假设在算法的结尾, 存在由 r 可达但不在 R 中的点 w. 令 P 为 r-w-路, $\{x,y\}$ 或 (x,y) 是 P 上满足 $x \in R$ 且 $y \notin R$ 的边. 由于 $x \in R$, 故在某些时间点 x 也在 Q 中. 在 x 从 Q 中移除之前, 算法不会终止, 然而仅当不存在边 (x,y) 或 $\{x,y\}$ (其中 $y \notin R$) 时, 这才会发生, 与假设矛盾.

以下分析运行时间. 除非初始时所有顶点都被标记为 "不在 R 中", 否则不考虑 $G[R]$ 之外的顶点和边. 对已访问顶点 x, 始终注意其当前位置 (在列表 $\delta(x)$ 或 $\delta^+(x)$ 中), 直至遇到已经考虑过的边. 在开始时这 (加入 Q 中) 是列表的起始位置, 因此 $G[R]$ 中的每条边至多被考虑了两次 (事实上在有向图中仅被考虑一次).

每个由 r 可达的点都会被加入 Q 和移出 Q 恰好一次, 因此需要一种存储 Q 的数据结构, 它允许在每种情况中都能在常数时间内完成添加、删除和元素的选取. 例如, 栈和队列. 由 $G[R]$ 的连通性, 有 $|R| \leqslant |E(G[R])| + 1$, 所以在 Q 上进行的所有运算的时间复杂度为 $O(m)$. □

由定理 7.2 可得下述推论.

推论 7.3 可以在 $O(n+m)$ 时间内找到无向图 G 的连通分支, 其中 $n = |V(G)|$, $m = |E(G)|$.

证明 从 G 中的任一顶点开始执行图的遍历算法. 若 $R = |V(G)|$, 则 G 是连通的. 否则, $G[R]$ 为 G 的连通分支并用 $G[V(G) \setminus R]$ 进行迭代. 只需在开始时初始化一次所有点即可. □

如果图算法的运行时间为 $O(n+m)$, 其中 $n = |V(G)|$ 且 $m = |E(G)|$, 则称该算法有线性运行时间。

算法 7.1 可以有多种不同的实现方式, 特别地, 存在多种方案来选择 $v \in Q$. 如果总是选择最后加入 Q 中的点 $v \in Q$ (LIFO, Q 是栈), 该算法称为**深度优先搜索**, 简记为 DFS. 另一方面, 若每次选取第一个加入 Q 中的点 (FIFO, Q 是队列), 该算法称为**广度优先搜索**, 简记为 BFS. 由 DFS 或 BFS 构造的树或树形图 (R,F) 分别称为深度优先搜索树或广度优先搜索树.

例 7.4 图 7.1 描述了 DFS 和 BFS 的实例. 两种算法有许多十分有趣的性

[86]　质, 下节将对 BFS 进行仔细研究.

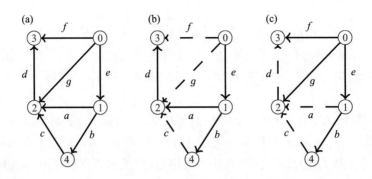

图 7.1　(a) 有向图; (b) DFS 的可能结果; (c) BFS 的结果; 都是从顶点 0 开始, 加粗的边为 F 中的边.

7.2　广度优先搜索

　　本节首先给出广度优先搜索的实现. 对每个点, 用变量 dist 存储 BFS-树中路的长度. 这其实是不必要的, 详见定理 7.6.

程序 7.5 (广度优先搜索)

```
1  // bfs.cpp(Breadth First Search)
2
3  #include "graph.h"
4  #include "queue.h"
5
6  Graph bfs(const Graph & graph, Graph::NodeId start_node)
7  {
8      std::vector<bool> visited(graph.num_nodes(), false);
9      std::vector<int> dist(graph.num_nodes(), -1);
10     Graph bfs_tree(graph.num_nodes(), graph.dirtype);
11     Queue<Graph::NodeId> queue;
12
13     std::cout << "The following vertices are reachable from
           vertex "
14             << start_node << ":\n";
15     queue.push_back(start_node);
```

```cpp
    visited[start_node] = true;
    dist[start_node] = 0;

    while (not queue.is_empty()) {
        auto cur_nodeid = queue.pop_front();
        std::cout << "Vertex " << cur_nodeid << " has distance "
                  << dist[cur_nodeid] << ".\n";
        for (auto neighbor: graph.get_node(cur_nodeid).
            adjacent_nodes()) {
            if (not visited[neighbor.id()]) {
                visited[neighbor.id()] = true;
                dist[neighbor.id()] = dist[cur_nodeid] + 1;
                bfs_tree.add_edge(cur_nodeid, neighbor.id());
                queue.push_back(neighbor.id());
            }
        }
    }
    return bfs_tree;

}


int main(int argc, char* argv[])
{
    if (argc > 1) {
        Graph g(argv[1], Graph::directed);//read digraph from file
        Graph bfs_tree = bfs(g, 0);
        std::cout << "The following is a BFS-tree rooted at 0:\n";
        bfs_tree.print();
    }
}
```

[87]

对图 G 中任意两点 v 和 w, 用 $\mathrm{dist}(v,w)$ 表示 G 中最短 v-w-路的长度, 也称为 G 中从 v 到 w 的**距离**. 如果 G 中不存在 v-w-路, 则令 $\mathrm{dist}(v,w) := \infty$. 在无向图 G 中, 对任意 $v,w \in V(G)$, 都有 $\mathrm{dist}(v,w) = \mathrm{dist}(w,v)$.

定理 7.6　每棵 BFS-树包含了从 r 到所有由 r 可达点的最短路. 对所有 $v \in V(G)$, 可在线性时间内计算 $\text{dist}(r,v)$ 的值.

证明　程序 7.5 是算法 7.1 的实现, 其中 Q 为队列, 从而得到了 BFS. 显然在每个时间节点, dist[i] 的值衍生了 r 到 bfs_tree(从现在起, 该图记作 T, 而在算法 7.1 记作 (R,F)) 中所有点的距离. 故只需证明:

$$\text{对所有的点 } v \in V(G), \text{dist}_G(r,v) = \text{dist}_T(r,v).$$

由于 "$\leqslant$" 显然成立 (T 是 G 的子图), 故假设存在点 $v \in V(G)$ 使得 $\text{dist}_G(r,v) < \text{dist}_T(r,v)$. 选取使得 $\text{dist}_G(r,v)$ 最小的 v, 令 P 为 G 中的最短 r-v-路, (u,v) 或 $\{u,v\}$ 为其最后一条边, 则有 $\text{dist}_G(r,u) = \text{dist}_T(r,u)$, 从而

$$\text{dist}_T(r,v) > \text{dist}_G(r,v) = \text{dist}_G(r,u) + 1 = \text{dist}_T(r,u) + 1. \tag{7.1}$$

在算法执行中的任意时间, 均有下述结论:

(a) 对所有的 $x \in R$ 和 $y \in Q$, $\text{dist}_T(r,x) \leqslant \text{dist}_T(r,y) + 1$.

(b) 对所有的 $x,y \in Q$, 若 x 在 y 之前加入 Q 中, 则 $\text{dist}_T(r,x) \leqslant \text{dist}_T(r,y)$.

对当前执行步数进行归纳即可证明.

由 (a) 和 (7.1) 可知, v 将不会加入 Q 中直到 u 从 Q 中被移除. 但由于 (u,v) 是一条边, 故有 $\text{dist}_T(r,v) \leqslant \text{dist}_T(r,u) + 1$, 矛盾.　$\square$

[88]　像 (a) 和 (b) 这样的性质在算法执行过程中始终成立, 也称为不变量. 在证明算法的正确性时, 它们通常十分实用.

7.3　二部图

本节介绍一类常见的特殊无向图.

定义 7.7　若无向图的任意两点之间都存在一条边, 则称它为**完全图**. n 个顶点的完全图通常记作 $\boldsymbol{K_n}$.

无向图 G 的**二部划分**由两个不交的点集 A 和 B 组成, 其中 $A \bigcup B = V(G)$ 且 $E(G)$ 中的任一条边恰有一个顶点在 A 中. 如果图存在一个二部划分, 则称之为**二部图**. 记号 $G = (A \dot{\cup} B, E(G))$ 表示 A 和 B 构成二部图.

若图 G 存在二部划分 $V(G) = A \dot{\cup} B$ 且 $E(G) = \{\{a,b\} : a \in A, b \in B\}$, 则称 G 为**完全二部图**. 若 $|A| = n, |B| = m$, 则图 G 通常记为 $\boldsymbol{K_{n,m}}$.

奇圈是长度为奇数的圈.

定理 7.8 (König [23])　无向图为二部的当且仅当它不含有奇圈. 在给定的无向图中, 可在线性时间内找到该图的二部划分或者奇圈.

证明 首先证明二部图不含奇圈. 令 G 为二部图, $V(G) = A \dot\cup B$ 为它的二部划分, 假设 C 是 G 中长为 k 的圈, 其中 C 的点集为 $\{v_1, \cdots, v_k\}$, 边集为 $\{v_i, v_{i+1}\}, i = 1, \cdots, k$ 且有 $v_{k+1} = v_1$. 不失一般性, 假设 $v_1 \in A$, 则有 $v_2 \in B$, $v_3 \in A$, 等等, 即 $v_i \in A$ 当且仅当 i 是奇数. 故 $v_{k+1} = v_1 \in A$, 这表明 k 是偶数.

现在证明定理的第二个论断 (蕴含着第一个论断). 不失一般性, 假设 G 是连通的 (否则对每个连通分支确定二部划分, 然后将它们组合起来).

由顶点 r 开始对 G 应用 BFS, 得到生成树 $T = (V(G), F)$. 令

$$A := \{v \in V(G) : \text{dist}_T(r, v) \text{ 为偶数}\} \quad \text{且} \quad B := V(G) \setminus A.$$

如果对所有 $e \in E(G)$ 都有 $e \in \delta(A)$, 则 $A \dot\cup B$ 是二部划分. 否则存在一条边 $e = \{v, w\}$ 使得 $v, w \in A$ 或 $v, w \in B$. 令 C_e 为 $(V(G), F \dot\cup \{e\})$ 中的圈, 它由 e, T 中的 u-v-路和 T 中 u-w-路组成, 其中 u 是 T 中 r-v-路和 r-w-路的最后一个公共顶点, 那么我们有 $\text{dist}_T(r, v) + \text{dist}_T(r, w) = 2\text{dist}_T(r, u) + |E(C_e)| - 1$. 由于等式左边为偶数, 故 C_e 为奇圈. $\square$

值得注意的是, 在上述证明中, 可以用任意生成树代替 T. [89]

针对图的 "二部" 性质, 定理 7.8 提供了很好的刻画: 不仅容易地 (通过定义二部划分) 证明图具有这一性质, 而且也可以容易地证明图不具有这一性质 (证明存在奇圈). 这两个 "证明" 都是易于检验的.

7.4 有向无圈图

下述定义描述了一类重要的有向图:

定义 7.9 如果有向图不含 (有向) 圈, 则称其为**无圈的**.

令 G 为 n 个顶点的有向图. G 的**拓扑序**指的是 G 的顶点序 $V(G) = \{v_1, \cdots, v_n\}$, 使得对任一边 $(v_i, v_j) \in E(G)$ 都有 $i < j$ 成立.

本节需要下述引理:

引理 7.10 令 G 为有向图, 且对所有 $v \in V(G)$ 均有 $\delta^+(v) \neq \emptyset$, 则可以在 $O(|V(G)|)$ 时间内找到 G 中的一个圈.

证明 从任一点出发, 一直沿着出边前进, 直至遇到先前的一个顶点. $\square$

下述定理给出了很好的刻画:

定理 7.11 有向图存在拓扑序当且仅当它是无圈的. 对给定的有向图 G, 可在线性时间内找到它的一个拓扑序或圈.

证明   若 G 有拓扑序, 则显然它不含有圈.

接下来证明定理的第二个论述 (蕴含着第一个论述). 令 $n := |V(G)|$ 且 $m := |E(G)|$. 首先对所有 $v \in V(G)$, 计算它的出度 $a(v) := |\delta^+(v)|$, 并在 L_0 中存储所有满足 $a(v) = 0$ 的顶点 v. 这可以在线性时间内完成.

若 L_0 是空的, 则由引理 7.10 可在 $O(n)$ 步内找到圈. 若 L_0 非空, 则在 L_0 中选取一点, 记作 v_n. 从 L_0 中删除 v_n, 对所有 $(u, v_n) \in \delta^-(v_n)$ 按下述方式处理: 将 $a(u)$ 的值减 1, 若得到 $a(u) = 0$, 则将 u 加到 L_0 中. 显然该操作可以在 $O(1 + |\delta^-(v_n)|)$ 时间内完成.

现在有: 对 $G - v_n$, L_0 和 $a(v)$ (其中 $v \in V(G) \setminus \{v_n\}$) 都是正确的. 所以将 n 的值减 1 并在 $n > 0$ 时进行迭代.

[90]   因此, 总共可以在 $O(n + m)$ 时间内找到 G 的圈或者是拓扑序 $v_1, \cdots, v_n$.

$\square$

第八章

排序算法

在许多情况下, 需要对存储的数据文件进行排序. 这主要有两个原因: 一方面, 某些算法要求对象按指定的顺序排列, 另一方面, 在具有随机访问的排序数据文件中, 可以更快地找到单个对象 (利用二分搜索, 参见算法 5.2).

8.1 一般排序问题

定义 8.1 给定集合 S, 关系 $R \subseteq S \times S$ 称为 (S 上的) **偏序**: 当对所有 $a, b, c \in S$, 满足:

- $(a, a) \in R$ (自反性);

- $((a, b) \in R \land (b, a) \in R) \Rightarrow a = b$ (反对称性);

- $((a, b) \in R \land (b, c) \in R) \Rightarrow (a, c) \in R$ (传递性).

在书写时, 常将 $(a, b) \in R$ 记为 aRb. 如果对所有 $a, b \in S$, 都有 $(a, b) \in R$ 或者 $(b, a) \in R$ 成立, 则称偏序 R 为 S 上的**全序**.

例如, 通常的 "小于或等于" 关系 "$\leqslant$" 是 $\mathbb{R}$ 上的全序. 而另一方面, 在任意集族上, 子集关系 "$\subseteq$" 是偏序, 但一般不是全序. 在有向图 G 中, 关系 $R := \{(v, w) \in V(G) \times V(G) : w$ 是由 v 可达的$\}$ 是偏序当且仅当 G 是无圈的.

对有限集 S, 可以通过对元素编号定义全序 "$\preceq$", 即通过双射 $f : S \to \{1, 2, \cdots, n\}$, 其中对所有的 $s \in S$, 有 $f(s) = |\{a \in S : a \preceq s\}|$. 现在, 可以定义:

计算问题 8.2 (一般排序问题)

输入: 带有偏序 "$\preceq$" (由神谕给定) 的有限集.

任务: 计算双射 $f : \{1, \cdots, n\} \to S$, 使得对所有 $1 \leqslant i < j \leqslant n$, 都有

[91]　$f(j) \npreceq f(i)$ 成立.

本节将假设, 对任何元素 a 和 b, 除了可以查询 $a \preceq b$ 是否成立外, 对这个偏序一无所知. 当然, 还可以运用偏序已知的性质, 特别是它的传递性.

作为规则, 输入的数据是以双射 $h : \{1, \cdots, n\} \to S$ 和神谕的形式给出的. 目标是确定置换 π (即, 双射 $\pi : \{1, \cdots, n\} \to \{1, \cdots, n\}$), 使得 $f : i \mapsto h(\pi(i))$ 具有所需的性质.

如果以不同方式给出输入 (定理 7.11 就给出了这样的实例), 又或者偏序具有额外的性质 (例如是全序), 有时可以更快地排序, 本书将在 8.3 节之后再继续讨论这个问题.

8.2　逐次选择排序

最简单的排序方法是遍历所有 $n!$ 个排列, 然后对每个 n, 测试所有 $n(n-1)/2$ 个满足 $1 \leqslant i < j \leqslant n$ 的有序对 (i, j) 是否满足 $f(j) \npreceq f(i)$. 这种方法显然是十分低效的.

本节现在介绍一种更好的方法: 逐次选择排序. 这里对 $i = 1, \cdots, n$, 逐步确定 $f(i) := s$, 使得对任意 $t \in S \backslash \{f(1), \cdots, f(i-1)\}$, 总有 $t \preceq s \Rightarrow t = s$.

算法 8.3 (逐次选择排序)

输入: 集合 $S = \{s_1, \cdots, s_n\}$; 在 S 上的偏序 $\preceq$ (由神谕给定).

输出: 双射 $f : \{1, \cdots, n\} \to S$, 满足对所有的 $1 \leqslant i < j \leqslant n$, 都有 $f(j) \npreceq f(i)$ 成立.

$$\begin{aligned}
&\textbf{for } i \leftarrow 1 \textbf{ to } n \textbf{ do } f(i) \leftarrow s_i \\
&\textbf{for } i \leftarrow 1 \textbf{ to } n \textbf{ do} \\
&\qquad \textbf{for } j \leftarrow i \textbf{ to } n \textbf{ do} \\
&\qquad\qquad \textbf{if } f(j) \preceq f(i) \textbf{ then swap } (f(i), f(j)) \\
&\textbf{output } f
\end{aligned}$$

当 $i = j$ 时, 迭代显然是多余的, 但这简化了下述定理的证明. 而 **swap** 命令交换了两个变量的值. 现在证明:

定理 8.4　算法 8.3 正确地解决了一般排序问题 8.2, 其运行时间是 $O(n^2)$.

证明　运行时间显而易见. 函数 f 总是双射, 因为仅有的操作就是 f 的两个

函数值的交换 (通过 **swap** 这个命令). [92]

接下来证明, 对所有的 $1 \leqslant i \leqslant j \leqslant n$, 迭代 (i, j) 发生后, 以下两个条件依然成立:

(a) 对所有的 $1 \leqslant h < i$ 和 $h < k \leqslant n$, 有 $f(k) \npreceq f(h)$;

(b) 对所有的 $i < k \leqslant j$, 有 $f(k) \npreceq f(i)$.

对迭代 $(1, 1)$, 两个条件都满足.

条件 (a) 仅当 i 增加时才有可能不成立. 然而, 只有当 $j = n$ 时, i 才会增加. 而 $j = n$ 时, 条件 (b) 恰好保证了条件 (a) 当 i 增加时仍然成立.

因而只需证明条件 (b) 总是满足的. 考虑在迭代 (i, j) 开始时的状态, 如果 $f(j) \npreceq f(i)$, 那么 f 的函数值不会发生改变, 从而 (b) 依然是成立的.

如果 $f(j) \preceq f(i)$, 令 k 是满足 $i < k \leqslant j$ 的指标. 如果 $k = j$, 那么因为 $f(i) \npreceq f(j)$ (反对称性), 条件 (b) 在 **swap** 命令后是成立的. 如果 $k < j$, 则条件 (b) 在更早的时候就已经满足了, 所以 $f(k) \npreceq f(i)$ (以及传递性) 蕴涵 $f(k) \npreceq f(j)$. 因此 **swap** 命令并不会破坏条件 (b).

在算法结束时, 即在迭代 (n, n) 之后, 条件 (a) 表明了算法的正确性. □

在程序 8.5 中, 函数 `sort1` 给出了这个算法的实现. 本节选择这个实现以及相应的例子以阐明 C++ 的一些功能.

特别地, 注意函数 `sort1` 的抽象接口. 它只提供了两个迭代器: 对第一个元素的引用 `first` (例如, 可以是指针或索引), 对最后元素的后一个位置的引用 `last`, 以及函数 `comp`, 用以比较两个元素. 迭代器 (详细见 C++ (2.3)) 必须提供至少三个运算:

    *   内存引用操作符 (与指针使用相同的语法);

    ++   增量运算符 (将迭代器移到下一个元素);

    !=   比较运算符 (特别是与 `last` 结合以确定是否还有下一个元素).

比较函数 `comp` 实际上可以是布尔函数, 但这里它作为 `BirthdayComparison` 类型的变量. `BirthdayComparison` 是提供运算符 () 的类. 而运算符 () 有两个参数, 其运行方式类似布尔函数: 它比较参数 `b1` 和 `b2`, 并且当且仅当 $b1 \preceq b2 \land b1 \neq b2$ 时返回**真**. 将比较神谕以类的方式实现, 使得运用更多的信息做比较 (这里指 `_today` 型变量) 成为可能, 这有时是很有必要的. [93]

程序 8.5 (逐次选择排序)

```
1  // sort.cpp (Sorting by Successive Selection)
2
3  #include <iostream>
4  #include <string>
```

```
 5  #include <vector>
 6  #include <ctime>
 7  #include <random>
 8  #include <iomanip>
 9
10  template <class Iterator, class Compare>
11  void sort1(Iterator first, Iterator last, const Compare & comp)
12  // Iterator must have operators *, ++, and !=
13  {
14      for (Iterator current = first; current != last; ++current) {
15          Iterator cur_min = current;
16          for (Iterator i = current; i != last; ++i) {
17              if (comp(*i, *cur_min)) {
18                  cur_min = i;
19              }
20          }
21          std::swap(*cur_min, *current);
22      }
23  }
24
25
26  struct Date{
27      Date() {                                    // random constructor
28      {
29          time_t rdate = distribution(generator);
30          _time = *localtime(&rdate);
31      }
32
33      Date(time_t date): _time (*localtime(&date)) { } //
            constructor
34
35      static std::uniform_int_distribution<time_t> distribution;
36      static std::default_random_engine generator;
37      static time_t today;
```

```
38     tm _time;
39  };
40
41  time_t Date::today = time(nullptr);
42  std::uniform_int_distribution<time_t> Date::distribution (1, Date
        ::today);
43  std::default_random_engine Date::generator (Date::today);
44
45
46  std::ostream & operator << (std::ostream & os, const Date & date)
47  {
48      static const std::string monthname[12]={"Jan", "Feb", "Mar",
49          "Apr", "May", "Jun", "Jul", "Aug", "Sep", "Oct", "Nov",
                "Dec"};
50      os << monthname [date._time.tm_mon] << " " << std::setw(2)
51          << date._time.tm_mday <<", "<<date._time.tm_year+1900;
52      return os;
53  }
54
55
56  class BirthdayComparison {
57  public:
58      BirthdayComparison(const Date & today) : _today(today) {}
59      bool operator() (const Date & b1, const Date & b2) const
60      {
61          return day_num (b1) < day_num (b2);
62      }
63  private:
64      int day_num(const Date & date) const
65      {
66          return (32*(12 + date._time.tm_mon - _today._time.tm_mon)
67              + date._time.tm_mday - _today._time.tm_mday) %
                    (12*32);
68      }
```

```
69      Date const & _today;
70  };
71
72
73  int main()
74  {
75      std::cout << "Today is " << Date(Date::today) << ".\n"
76          << "How many random birthdays do you want to sort?";
77      int n;
78      std::cin >> n;
79      std::vector<Date> dates(n);
80      std::cout << "Here are " << n << " random dates:\n";
81      for (auto d: dates) {
82          std::cout << d << " ";
83      }
84      std::cout << "\n\n";
85
86      BirthdayComparison comparison(Date(date::today));
87      std::cout << "Sorting..." << std::endl;
88      clock_t timer = clock();
89      sort1(dates.begin(), dates.end(), comparison);
90      timer = clock() - timer;
91
92      std::cout << "The upcoming birthdays are, starting today:\n";
93      for (auto d: dates) {
94          std::cout << d << " ";
95      }
96      std::cout << "\n\n" << "Sorting took "
97                  << static_cast<double>(timer)/CLOCKS_PER_SEC
98                  << "seconds.\n";
98  }
```

如果完善类 Queue, 为之添加另一个迭代器 (一个子类, 包含类型为 Item* 的变量、带 Item* 类型参数的构造函数, 以及运算符 ++, != 和 *), 以及函数 begin() 和 end(), 其中 begin() 和 end() 分别返回包含 _front 和 nullptr 的迭代器, 则我们也可以使用相同的函数 sort1 对 Queue<Date> 类型的队列 (假设其已经类似地被随机数据所填充) 进行排序.

C++ 详解 (8.1): 随机数和时钟时间

在 C++ 中有几种产生伪随机数的方法. 最简单的是插入 #include <cstdlib> 后, 使用函数 rand(), 参见程序 8.20. 此函数返回一个介于 0 和 RAND_MAX 之间的整数, 其中 RAND_MAX 是一个不小于 32767 的预定义数值常量. 然而, 由 rand() 生成的伪随机数有可能远远偏离均匀分布.

一种较为费力的方法是, 允许对生成的随机数产生更大的影响, 从而生成质量更好的伪随机数. 在插入 #include<random> 之后, 使用 std::default_ random_engine, 可以定义随机数生成器, 生成具有选定分布的随机数. 在定义随机数生成器时, 我们可以选择输入用于初始化生成器的特定参数. 程序 8.5 的第 43 行给出了相关实例. 本节在第 42 行中选取了 std::uniform_ int_distribution 分布. 以这种方式, 可以生成位于给定区间中的均匀分布的整数. 作为模板参数, 必须输入整数类型: 本节使用了 time_t 类型. 下文中将对 time_t 类型作说明. 程序 8.5 的第 29 行演示了如何生成单个随机数.

插入 #include<ctime> 后, 可以运用几个函数查找当前时钟时间和计算时差. 调用 time(nullptr) 可以返回自 1970 年 1 月 1 日以来已经过去的秒数. 输出的类型为 time_t. 函数 localtime (例如, 参见程序 8.5 的第 30 行) 将 time_t 类型的值转换为 tm 类型的值. 这里 tm 是包含 tm_year, tm_mon 和 tm_mday 等数值的类, 分别用于表示某个特定日期的年、月和日, 具体例子可参见程序 8.5 的第 50 和 51 行.

以秒给出的结果通常不足以确定程序的精确运行时间. 函数 clock() 将程序占用的 CPU 时间以 clock_t 类型的值返回, 取值为最接近的毫秒. 使用 CLOCKS_PER_SEC 作除法可以将取值改变为秒, 见程序 8.5 的第 97 行.

[94~95]

通常迭代器允许出现操作符-- (这里的列表必须双向链接) 和 ==. 有时 (例如对于 vector 型变量, 而不是对于列表) 也允许随机访问, 即可以将带有任意整数类型变量 i 的操作 +=i 应用于迭代器 (注意不要越出给定的域). 对于一些算法, 随机访问是必不可少的. 当然, 如果需要的话, 可以先将数据文件复制到 vector 型变量中, 然后在排序之后将它们再次复制回来.

插入 #include<algorithm> 后, C++ 标准库提供了 std::sort 函数. 这个函数的接口与 sort1 函数具有相同的结构. (使用 std::sort 时, 也可以忽略第三个参数, 这时依照 < 做比较, 即从小到大排序. 但是应该注意, std::sort 需要随机访问.)

现在, 已经熟悉了 C++ 标准库的基本特征: 数据结构和算法的分离. 像排序函数 std::sort 和 sort1 的算法运行在很大程度上独立于对象存储的数据结构.

[96]   程序 8.5 还演示了伪随机数和时钟时间的运用; 详见 **C++ 详解 (8.1)**. 对于其输出, 程序 8.5 使用了流操纵器 setw, 它在 iomanip 中定义, 用于固定要分配给下一个输出的最小位数.

现在来证明算法 8.3 的运行时间对于一般排序问题是最好的. 对 $0 \leqslant k \leqslant n$, 令 $\binom{n}{k} := \frac{n!}{k!(n-k)!}$ (设 $0! := 1$). 对有限集 S, 当 k 满足 $0 \leqslant k \leqslant |S|$ 时, 令 $\binom{S}{k} := \{A \subseteq S : |A| = k\}$, 注意 $|\binom{S}{k}| = \binom{|S|}{k}$.

定理 8.6 对问题 8.2 的每个算法及每个 $n \in \mathbb{N}$, 总存在具有 $|S| = n$ 的输入 $(S, \preceq)$, 使得算法对于该输入需要至少调用 $\binom{n}{2}$ 次神谕.

证明 对 $S = \{1, \cdots, n\}$ 以及 $(a,b) \in S \times S$, 其中 $a \neq b$, 考虑 $R := \{(a,b)\} \cup \{(x,y) \in S \times S : x = y\}$. 那么算法必须对 (a,b) 或 (b,a) 调用神谕, 否则算法不知道以何种顺序放置 a 和 b. 由于 (a,b) 是事先未知的, 因此对 $\binom{S}{2}$ 中的 $\binom{n}{2}$ 对中的每一对都至少需要调用一次神谕. □

实际上, 在算法 8.3 中, 如果 j 是从 $i+1$ 而不是 i 开始, 那么所需调用的神谕的准确数目就是 $\binom{n}{2}$. 因而, 在这个意义上, 算法是最好的.

8.3   按关键字排序

为了得到更快的排序方法, 通常需要借助其他的性质. 在很多应用中, 可以通过所谓的关键字来描述偏序: 对要排序的集合 S 中的每个元素 s, 存在关键字 $k(s) \in K$, 其中 K 是带有全序 $\leqslant$ (通常就是 $\mathbb{N}$ 或 $\mathbb{R}$ 及其常规排序) 的集合. 然后, 由 $a \preceq b \Leftrightarrow (a = b \bigvee k(a) < k(b))$ 给出 S 的偏序 $\preceq$. 这样的偏序被称为是由关键字导出的偏序. 程序 8.5 中的生日就给出了这样的实例, 其中 day_num 就是函数 k.

因此, 本节给出下述问题:

计算问题 8.7 (按关键字排序)
输入: 有限集 S, 函数 $k : S \to K$, 以及 K 上的全序 $\leqslant$.
任务: 计算双射 $f : \{1, \cdots, n\} \to S$, 使得对所有的 $1 \leqslant i < j \leqslant n$, 都有 $k(f(i)) \leqslant k(f(j))$ 成立.

令 $K = \{1, \cdots, m\}$, 取自然顺序. 如果对所有 $s \in S$, 关键字 $k(s) \in K$ 是明确知道的, 则该排序问题可以通过生成并连接列表 $k^{-1}(i)$ 在 $O(|S| + m)$ 时间 (和所需存储空间) 内求解 (桶排序), 其中 $i = 1, \cdots, m$. 当 $m = O(|S|)$ 时, 这是最好的可能.

然而, 接下来不会对 $(K, \leqslant)$ 作出更多的假设. 本节将再次假定, 仅可从神谕中获得有关关键字的信息: 对 $a, b \in S$, 可以通过神谕来判断 $k(a) < k(b)$ (或者等价地, $a \preceq b$ 且 $a \neq b$) 是否成立.

[97]

当然, 按关键字排序时, 算法 8.3 同样可行. 此问题还可以用其他简单方法来解决, 例如:

- 插入排序: 对于 $i = 1, \cdots, n$ 连续地进行以下操作, 即通过将第 i 个元素放置在前 $i - 1$ 个已经排好序的元素中的恰当位置, 来对前 i 个元素进行排序.

- 冒泡排序: 对列表进行 $n - 1$ 次检查, 每次比较两个相邻元素, 如果它们不是正确的顺序则交换其位置; 在第 i 次检查后, 最大的 i 个元素在列表的结尾以正确的顺序排列.

这些方法有时会更快, 但都满足下面这个事实: 对每个 n, 总有实例需要 $\binom{n}{2}$ 次比较 (其中 n 是元素的数目). 在下一节将介绍一个更好的算法.

8.4 归并排序

下文将介绍时间复杂度为 $O(n \log n)$ 的排序算法. 归并排序算法是基于 "分治原则" 的: 将原始问题划分成若干个小的子问题, 分别独立地 (通常是递归地) 解决这些小问题, 并将子问题的答案合并成为原问题的答案.

算法 8.8 (归并排序)

输入: 集合 $S = \{s_1, \cdots, s_n\}$, S 上由关键字导出的偏序 $\preceq$ (由神谕给定).

输出: 双射 $f : \{1, \cdots, n\} \to S$, 使得对所有的 $1 \leqslant i < j \leqslant n$, 都有 $f(j) \npreceq f(i)$ 成立.

    if $|S| > 1$
        then 令 $S = S_1 \dot{\cup} S_2$, 其中 $|S_1| = \lfloor n/2 \rfloor$ 和 $|S_2| = \lceil n/2 \rceil$
            排序 S_1 和 S_2 (递归调用归并排序)
            将 S_1 和 S_2 合并, 得到 S.

显然, 将 S 划分成 $S_1 \dot{\cup} S_2$ 是很容易实现的. 接下来, 对 S_1 和 S_2 递归调用归并排序. 容易在 $O(|S|)$ 时间内将两个排序合并: 同时检查已排序的列表, 每次比较

两个列表的第一个 ("最小的") 元素, 将较小的一个从其列表中删除并将其放在新列表的结尾.

最后, 我们可以把新列表的元素复制到旧列表的内存位置, 并删除新列表. 如果列表的指针 (而不仅仅是它的迭代器) 是已知的, 则我们可以通过重新分配指针来进行合并, 而无须形成新列表. 因此, 归并排序对于列表的排序 (不需要随机访问) 特别有用.

定理 8.9 归并排序的运行时间是 $O(n \log n)$.

证明 令 $T(n)$ 表示 n 个元素进行归并排序的运行时间. 显然, 存在 $c \in \mathbb{N}$ 满足 $T(1) \leqslant c$ 且

$$T(n) \leqslant T(\lfloor n/2 \rfloor) + T(\lceil n/2 \rceil) + cn$$

对所有的 $n \geqslant 2$ 都成立.

断言: $T(2^k) \leqslant c(k+1)2^k$ 对所有 $k \in \mathbb{N} \cup \{0\}$ 都成立.

可以通过对 k 进行归纳来证明该断言. 对 $k = 0$, 结论是平凡的. 对 $k \in \mathbb{N}$, 由归纳假设可得

$$T(2^k) \leqslant 2T(2^{k-1}) + c2^k \leqslant 2ck2^{k-1} + c2^k = c(k+1)2^k.$$

这证明了断言的正确性, 并且对所有的 $n \in \mathbb{N}$, $k := \lceil \log_2 n \rceil < 1 + \log_2 n$, 有

$$T(n) \leqslant T(2^k) \leqslant c(k+1)2^k < 2c(2 + \log_2 n)n = O(n \log n). \qquad \square$$

归并排序在 1938 年已经被实现为硬件, 而在 1945 年, 约翰·冯·诺伊曼将其实现为软件. 它成为最早的一批算法之一 [22]. 归并排序在某种意义上也是最佳的, 这在下述定理中有精确阐述:

定理 8.10 即使当限制输入为全序集时, 每个仅通过两个元素的成对比较来获得有关序的信息的排序算法, 对 n 个元素的集合进行排序至少需要 $\log_2(n!)$ 次比较.

证明 只考虑全序集 $S = \{1, \cdots, n\}$ 作为输入, 并在 S 上的 $n!$ 个排列中寻找一个作为输出. 元素 a 和 b 进行比较操作 "$a < b$?", 对一些排列返回 "真", 对另一些排列返回 "伪". 这两类排列所构成的集合中的较大者至少包含 $n!/2$ 个排列. 每多进行一次比较, 至多将这两组中的较大者减半. 因此, 在 k 次比较之后, 将至少留下 $n!/2^k$ 个不能由算法区分的排列. 故每个排序算法至少需要 k 次比较, 其中 $2^k \geqslant n!$, 即 $k \geqslant \log_2(n!)$. $\qquad \square$

备注 8.11 已知 $n! \geqslant \lfloor n/2 \rfloor^{\lceil n/2 \rceil}$, 所以 $\log_2(n!) \geqslant \lceil n/2 \rceil \log \lfloor n/2 \rfloor = \Omega(n \log(n))$. 因此, 归并排序是渐近最优的排序方法. 然而, 一般来说, 归并排序需要多于 $\lceil \log_2(n!) \rceil$ 次比较. 可以证明不存在总是能够用 $\lceil \log_2(n!) \rceil$ 次比较完成排序的算法. 例如, 不存在可以仅用 $29 = \lceil \log_2(12!) \rceil$ 次比较就将 12 个元素排好的算法. 对每个算法, 都存在 12 个元素的实例, 至少需要 30 次比较 [22]. 对 12 个元素集的排序, 归并排序需要至少 20 次、至多 33 次比较.

[99]

8.5 快速排序

由 Antony Hoare 于 1960 年提出的快速排序也是基于 "分治" 原则的, 但避免了归并排序中的合并步骤.

算法 8.12 (快速排序)

输入: 集合 $S = \{s_1, \cdots, s_n\}$ 和 S 上由关键字导出的偏序 $\preceq$ (由神谕给定).

输出: 双射 $f : \{1, \cdots, n\} \to S$, 其中对所有的 $1 \leqslant i < j \leqslant n$, 都有 $f(j) \npreceq f(i)$ 成立.

> **if** $|S| > 1$
> > **then** 任意选定 $x \in S$
> > > $S_1 := \{s \in S : s \preceq x\} \setminus \{x\}$
> > > $S_2 := \{s \in S : x \preceq s\} \setminus \{x\}$
> > > $S_x := S \setminus (S_1 \cup S_2)$
> > > 若 S_1 和 S_2 非空, 则递归调用快速排序
> > > 将已经排序好的集合 S_1、S_x 和 S_2 合并

快速排序相对于归并排序的优势在于, 当对数组 (或者 vector) 中的数据排序时, 不需要额外的临时存储. 但另一方面, 本节只能证明下述较差的运行时间界:

定理 8.13 算法 8.12 是正确的, 且运行时间为 $O(n^2)$.

证明 正确性由事实 $S_1 = \{s \in S : k(s) < k(x)\}$ 和 $S_2 = \{s \in S : k(s) > k(x)\}$ 即可得到, 其中 $k(s)$ 是 s 的关键字.

令 $T(n)$ 表示对 n 个元素进行快速排序的运行时间. 显然存在 $c \in \mathbb{N}$ 使得 $T(1) \leqslant c$, 且

$$T(n) \leqslant cn + \max_{0 \leqslant l \leqslant n-1} (T(l) + T(n - 1 - l))$$

对所有 $n \geqslant 2$ 均成立, 其中 S_1 的大小为 l, 且我们令 $T(0) := 0$.

断言: $T(n) \leqslant cn^2$.

可以通过对 n 进行归纳来证明该断言. 当 $n = 1$ 时结论平凡. 对于归纳步, 计算:

$$\begin{aligned}
T(n) &\leqslant cn + \max_{0 \leqslant l \leqslant n-1} (T(l) + T(n-1-l)) \\
&\leqslant cn + \max_{0 \leqslant l \leqslant n-1} (cl^2 + c(n-1-l)^2) \\
&= cn + c(n-1)^2 \\
&< cn^2.
\end{aligned}$$

[100]

备注 8.14 定理的结论是最好的可能, 因为当集合已经被排好序且 x 总是被取为第一个元素时, 运行时间为 $\Omega(n^2)$.

当然, 可以采用不同的方法来选取 x, 例如, 随机地选取. 理想情况下, x 是 S 的中位数, 即 $|S_1| \leqslant |S|/2$ 且 $|S_2| \leqslant |S|/2$. 可以在 $O(n)$ 时间内确定 n 元集合的中位数, 尽管运行时间能降到 $O(n \log n)$, 但在每种情况下所付出的代价并不小.

快速排序算法 (简单选择一个 x) 吸引人的主要原因是, 它在实际应用中通常具有极好的运行时间. 如果步骤 2 中对 x 的每次选择都相互独立, 且对于所有候选元素以相同的概率进行, 通过考察算法的运行时间期望值, 可以对此给出部分的理论解释. 由此可得名为 "随机快速排序" 的随机算法, 其运行时间期望值记为 $\overline{T}(n)$.

定理 8.15 n 个元素上的随机快速排序的运行时间期望值 $\overline{T}(n)$ 为 $O(n \log n)$.

证明 存在 $c \in \mathbb{N}$ 满足 $\overline{T}(1) \leqslant c$, $\overline{T}(0) := 0$, 且当 $n \geqslant 2$ 时,

$$\overline{T}(n) \leqslant cn + \frac{1}{n} \sum_{i=1}^{n} (\overline{T}(i-1) + \overline{T}(n-i)) = cn + \frac{2}{n} \sum_{i=1}^{n-1} \overline{T}(i),$$

因为对每个 $i = 1, \cdots, n$, 选取给定序列中第 i 个位置的元素为 x 的概率为 $1/n$.

断言: $\overline{T}(n) < 2cn(1 + \ln n)$.

可以通过对 n 进行归纳来证明该断言. $n = 1$ 时结论平凡. $n \geqslant 2$ 时由归纳假设得:

$$\begin{aligned}
\overline{T}(n) &\leqslant cn + \frac{2}{n} \sum_{i=1}^{n-1} 2ci(1 + \ln i) \\
&\leqslant cn + \frac{2c}{n} \int_1^n 2x(1 + \ln x)\mathrm{d}x \\
&= cn + \frac{2c}{n} \left[x^2(1 + \ln x) - \frac{x^2}{2} \right]_1^n \\
&= cn + 2cn(1 + \ln n) - cn - \frac{c}{n} \\
&< 2cn(1 + \ln n).
\end{aligned}$$

[101]

8.6 二叉堆与堆排序

优先队列是利用关键字排序的数据结构, 它至少包含下述函数:

- init: 初始化空队列 (构造函数);
- insert $(s, k(s))$: 在队列中插入关键字为 $k(s)$ 的元素 s;
- s=extract_min: 删除具有最小关键字的元素 s, 并返回 s 的值;
- clear: 删除队列 (析构函数).

如果用数组或者列表作为数据结构, 那么在 n 个元素的优先队列中 insert 函数 (插入元素) 需要 $O(1)$ 的运行时间, extract_min 函数 (提取最小值) 需要 $O(n)$ 运行时间. 如果使用有序数组或者列表, 则 insert 函数需要 $O(n)$ 运行时间, 而 extract_min 函数需要 $O(1)$ 运行时间. 运用二叉堆可以使 insert 和 extract_min 都在 $O(\log n)$ 时间完成.

有时需要额外的运算, 特别地:

- decrease_key $(s, k(s))$: 减小 s 的关键字 $k(s)$;
- s=find_min: 返回具有最小关键字的元素 s (不删去它);
- remove(s): 从队列中删除元素 s.

定义 8.16 令 S 为具有关键字 $k : S \to K$ 的有限集, 其中 K 有全序 $\leqslant$. S 的**堆**是树形图 A, 以及双射 $f : V(A) \to S$, 使得对所有的边 $(v, w) \in E(A)$ 有

$$k(f(v)) \leqslant k(f(w)) \tag{8.1}$$

成立.

图 8.1 描述了实例. 函数 find_min (找最小值) 仅需要简单地返回值 $f(r)$, 其中 r 是树的根. 为了有效实现其他的函数, 本节仅讨论如图 8.1 所示的某个可以简单表示的 $n = 10$ 的树.

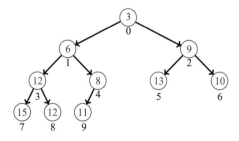

图 8.1　10 元素的二叉堆, 关键字为 (用灰色标记) 3, 6, 8, 9, 10, 11, 12, 12, 13, 15　[102]

命题 8.17 令 $n \in \mathbb{N}$, 具有顶点集 $V(B_n) = \{0, \cdots, n-1\}$ 和边集 $E(B_n) = \{(i,j) : i \in V(B_n), j \in \{2i+1, 2i+2\} \cap V(B_n)\}$ 的图 B_n 是以 0 为根的树形图. B_n 中没有长于 $\lfloor \log_2 n \rfloor$ 的路.

证明 显然 B_n 是无圈的, 且对 $j \in \{1, \cdots, n-1\}$, j 的入边集合为 $\delta^-(j) = \{(\lfloor (j-1)/2 \rfloor, j)\}$. 因此它是以 0 为根的树形图. 对顶点为 $v_0, \cdots, v_k$ 的任意路, 我们有 $v_{i+1} + 1 \geqslant 2(v_i + 1)$, 因此 $n \geqslant v_k + 1 \geqslant 2^k$. □

这类树形图也称为完全二叉树. 若 $B = B_{|S|}$, 则 S 的堆 (B, f) 称为**二叉堆**.

程序 8.18 给出了上述所有函数的实现. 当往 n 个元素的堆里插入一个元素时, 该元素最初分配给第 n 号顶点, 只要这个节点比其前驱节点有更小的关键字, 就交换它们的位置 (sift_up). 当从 n 个元素的堆里删除掉一个元素时, 首先复制顶点 n 的元素到因删除而被置空的顶点, 然后用函数 sift_up 或 sift_down 恢复堆序. 见图 8.2.

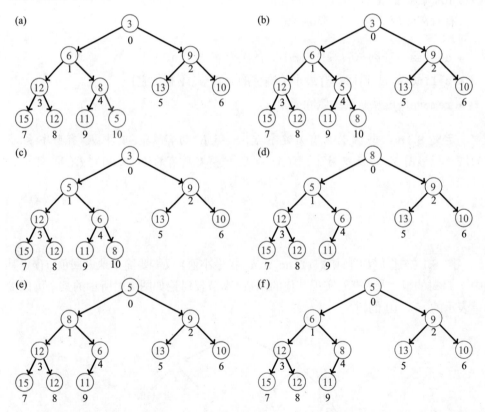

图 8.2 将关键字为 5 的元素插入图 8.1 所示的堆中: (a) 开始时将其写入顶点 10; (b) 然后顶点 4 和 10 的内容交换; (c) 接着顶点 1 和 4 的内容交换, 恢复堆结构. 如果现在我们删去根上的元素, 顶点 10 的内容将率先写在根上, 如 (d), 之后经 (e) 和 (f), 分两步向下传递

程序 8.18 (堆)

```
//heap.h (Binary Heap)

#include <vector>
#include <stdexcept>

template <typename T> // assume that T has the < operator
class Heap {
public:
    bool is_empty() const
    {
        return_data.size()==0;
    }

    const T & find_min() const
    {
        if (is_empty()) {
            throw std::runtime_error("Empty heap; Heap::find_min
                failed.");
        }
        return_data[0];
    }

    T extract_min()
    {
        T result = find_min();
        remove(0);
        return result;
    }

    int insert(const T & object)
    {
        _data.push_back(object);
        sift_up(data.size() - 1);
```

```
33          return_data.size() - 1;
34      }
35
36  protected:          // accessible only for derived classes
37      void remove(int index)
38      {
39          ensure_is_valid_index(index);
40          swap(_data[index], _data[_data.size() - 1]);
41          _data.pop_back();
42          sift_up(index);
43          sift_down(index);
44      }
45
46      void decrease_key(int index)
47      {
48          ensure_is_valid_index(index);
49          sift_up(index);
50      }
51
52      virtual void swap(T & a, T & b) // virtual functions can be
53      {                               // overloaded by derived classes
54          std::swap(a,b);
55      }
56
57      T & get_object(int index)
58      {
59          ensure_is_valid_index(index);
60          return_data[index];
61      }
62
63  private:
64      void ensure_is_valid_index(int index)
65      {
66          if (index >= static_cast<int>(_data.size()) or index < 0)
```

```
67          throw std::runtime_error("Index error in heap
                operation");
68      }
69
70      static int parent(int index) // do not call with index==0!
71      {
72          return (index - 1) / 2;
73      }
74
75      static int left(int index) // left child may not exist!
76      {
77          return (2 * index) + 1;
78      }
79
80      static int right(int index) // right child may not exist!
81      {
82          return (2 * index) + 2;
83      }
84
85      void sift_up(int index)
86      {
87          while((index > 0) and (_data[index] < _data[parent(index)
                ])) {
88              swap(_data[index], _data[parent(index)]);
89              index = parent(index);
90          }
91      }
92
93      void sift_down(int index)
94      {
95          int smallest =index;
96          while (true) {
97              if ((left(index) < static_cast<int>(_data.size())) and
98                  (_data[left(index)] < _data[smallest]))
```

```
99          {
100             smallest = left(index);
101         }
102         if ((right(index) < static_cast<int>(_data.size()))
103             and (_data[right(index)] < _data[smallest]))
104         {
105             smallest = right(index);
106         }
107         if (index == smallest) return;
108         swap(_data[smallest], _data[index]);
109         index = smallest;
110     }
111   }
112
113   std::vector<T> _data;   // holds the objects in heap order
114 };
```

定理 8.19　程序 8.18 中 Heap 类的函数是正确的. 每个函数的运行时间不超过 $O(\log n)$, 其中 n 是堆的元素个数.

[104～105]　　**证明**　由命题 8.17 即可得到运行时间, 为论证其正确性需证明下述结论:

断言: 令 (B_n, f) 是对 (S, k) 有堆性质的二叉树. 如果对某个 $i \in \{0, 1, \cdots, n-1\}$, $k(f(i))$ 增加或减少了, 则堆性质分别由 sift_up(i) 或 sift_down(i) 恢复.

如果 $k(f(i))$ 减少了 (且有堆性质被破坏), 则仅有 $\delta^-(i)$ 中边的堆性质被破坏. 然而, 这将被 sift_up 所恢复, 其中每次迭代 (如果有堆性质被破坏) 都仅有边 (parent(index), index) 的堆性质是被破坏的.

类似地, 如果 $k(f(i))$ 增加了 (且有堆性质被破坏), 则仅有 $\delta^+(i)$ 中边的堆性质被破坏, 并且可被 sift_down 所恢复. □

只有存储相关对象的顶点在堆中的编号已知的情况下, 才能有效地实现函数 remove 和 decrease_key. 然而一般来说, 情况并非如此, 因为顶点编号在 swap 操作中一直在变化. 因此, 本节将简短地展示 Heap 派生出的新的类, 它记录顶点编号, 并且每当进行 swap 操作时, 就交换两个顶点的编号. 但是, 这对于基数函数 insert 和 extract_min 并不是必需的.

利用二叉堆可以得到另一个基于关键字排序的算法, 其时间复杂度为 $O(n \log n)$.

正如程序 8.20 处理的例子, 首先将对象排列至堆中, 然后由 extract_min 逐个提取. 该算法称作**堆排序**.

程序 8.20 (堆排序)

```cpp
// heapsort.cpp (Example for Heapsort)

#include <iostream>
#include <cstdlib>
#include "heap.h"

int main()
{
    int n;
    std::cont << "How many numbers do you want to sort?";
    std::cin >> n;

    Heap<int> heap;
    int new_number;

    std::cout << "I will sort the following"<< n << "numbers:\n";
    for (int i = 0; i < n; ++i) {
        new_number = rand() % 900 + 100;
        std:: cout << new_number << " ";
        heap.insert(new_number);
    }

    std::cout << "\n" << "Sorted:\n";
    while (not (heap.is_empty())) {
        std::cout << heap.extract_min() << " ";
    }
    std::cout << "\n";
}
```

定理 8.21 堆排序算法的运行时间是 $O(n \log n)$, 其中 n 为元素个数.

证明 由定理 8.19 可得. □

8.7 更多的数据结构

事实上, 还有更多强大的数据结构能够在 $O(\log n)$ 时间内基于给定的关键字寻找元素 (这使得上述的索引变得多余), 做二分搜索, 以及基于关键字按顺序找每个元素的前驱和后继. 这样的平衡搜索树 (通常称作搜索树、AVL 树、红 – 黑树) 和堆一样在 C++ 标准程序库中已经实现, 它们被称作 map.

哈希表 (C++ 中的 unordered_map) 包含另一种更有用的数据结构类型. 为了存储集合 $S \subseteq U$, 可以选取函数 $g : U \to \{0, \cdots, k-1\}$, 使得大多数情况下, 仅有很少的元素具有相同的函数值. 对每个 $i = 0, \cdots, k-1$, $g^{-1}(i)$ 的 (通常情况下很少量的) 元素存储在另一个数据结构比如表中. 当搜索元素 $u \in U$ 时, 仅需要计算 $g(u)$, 然后在短表里进行搜索.

书籍 [33] 和 [7] 包含更多关于数据结构的信息.

第九章

最优树和最优路

组合优化问题的目标是在具有某些组合结构的对象的有限集合中, 寻找到最优的元素. 对象 (即可行解) 通常可以表示为有限的基础集合 U 的子集. U 经常取为图的边集. 在这种情况下, 对象就可以是形如 s-t-路径 (对于给定的两个点 s 和 t) 或者生成树等结构. 这也是接下来本章要处理的两类结构. 设给定权重函数 $c: U \to \mathbb{R}$, 如果在所有可行解中, 某个解的权重 (也称它的费用) $c(X) := \sum_{u \in X} c(u)$ 达到最小值, 则这个可行解 $X \subseteq U$ 称为最优解.

第六章提出的 Graph 类 (程序 6.29) 同样适用于赋权图. 函数 add_edge 中存在可选的第三参数, 可用于表示边的权重.

令 G 是带边权重 $c: E(G) \to \mathbb{R}$ 的图. 对于 G 的任何子图 H, H 的权重定义为 $c(E(H)) = \sum_{e \in E(H)} c(e)$; 该权重有时也称作 H 的费用或者长度.

9.1   最优生成树

本节从如下的组合优化问题开始.

计算问题 9.1 (最小生成树问题)
输入: 权重函数为 $c: E(G) \to \mathbb{R}$ 的无向连通赋权图 G.
任务: 找出 G 的最小权重生成树.

最优解通常称为最小生成树, 或者简写为 MST. 下述由 Kruskal [24] 所设计的简单算法, 总是能产生最优解. 由于该算法总是 "贪婪" 地选取最便宜的边, 因此也被称为贪婪算法.

算法 9.2 (Kruskal 算法)

输入: 权重函数为 $c : E(G) \to \mathbb{R}$ 的无向连通赋权图 G.

输出: G 的最小权重生成树 $(V(G), T)$.

> 排序 $E(G) = \{e_1, \cdots, e_m\}$ 使得 $c(e_1) \leqslant c(e_2) \leqslant \cdots \leqslant c(e_m)$
> $T \leftarrow \emptyset$
> **for** $i \leftarrow 1$ **to** m **do**
>   **if** $(V(G), T \bigcup \{e_i\})$ 是一个森林 **then** $T \leftarrow T \bigcup \{e_i\}$

定理 9.3 Kruskal 算法 9.2 是正确的.

证明 通过 Kruskal 算法构造的图 $(V(G), T)$ 显然是图 G 的生成树. 假设 $(V(G), T)$ 是不连通的, 则由定理 6.13 可知, 存在一个 $\emptyset \neq X \subset V(G)$ 使得 $\delta(X) \bigcap T = \emptyset$. 由于 G 是连通的, 这意味着 G 包含一条边 $e \in \delta(X)$. 但是当 **for** 循环中轮到这一条边的时候, 它将会被添加到 T.

因此, Kruskal 算法输出的 $(V(G), T)$ 总是图 G 的生成树. 现在证明其最优性. 选取最小权重的生成树 $(V(G), T^*)$, 使得 $|T^* \bigcap T|$ 取最大值.

假设 $T^* \neq T$ (否则 T 已是最优). 依定理 6.18, $|T| = |T^*| = |V(G)| - 1$. 又 $T^* \setminus T \neq \emptyset$, 故可以令 $j \in \{1, \cdots, m\}$ 是满足 $e_j \in T^* \setminus T$ 的最小下标.

因为 Kruskal 算法没有选取 e_j, 故必定存在圈 C 使得 $E(C) \subseteq \{e_j\} \bigcup (T \bigcap \{e_1, \cdots, e_{j-1}\})$. 明显地, $e_j \in T^* \setminus E(C)$.

$(V(G), T^* \setminus \{e_j\})$ 是不连通的, 即存在 $X \subset V(G)$ 使得 $\delta_G(X) \bigcap T^* = \{e_j\}$. 而 $|E(C) \bigcap \delta_G(X)|$ 的值是偶数 (此结论对于每个圈和每个 X 都成立), 因此至少为 2. 令 $e_i \in (E(C) \bigcap \delta_G(X)) \setminus \{e_j\}$. 注意 $i < j$, 因此 $c(e_i) \leqslant c(e_j)$.

令 $T^{**} := (T^* \setminus \{e_j\}) \bigcup \{e_i\}$. 则 $(V(G), T^{**})$ 是生成树且 $c(T^{**}) = c(T^*) - c(e_j) + c(e_i) \leqslant c(T^*)$, 因此它是最优的. 但是 T^{**} 与 T 的公共边比 T^* 多一条 (也就是 e_i), 这与 T^* 的选择相矛盾. □

对大多数的组合优化问题而言, 贪婪算法不能找到最优解; 相反, 它的输出可能很差. 然而, 对于最小生成树问题, 它非常有效. 如果加以精心实现, 该算法的执行速度也相当快:

定理 9.4 Kruskal 算法 9.2 可以以运行时间 $O(m \log n)$ 实现, 其中 $n = |V(G)|$ 和 $m = |E(G)|$.

证明 不妨假设 $m \leqslant n^2$, 否则可以预先删除所有的重边 (对于每个点对只保留最小权重的一条边); 该操作可以运用桶排序在 $O(m+n^2)$ 时间内完成.

由第八章的描述, 对 m 条边排序可以在 $O(m \log m) = O(m \log n)$ 时间内完成.

for 循环遍历了 m 次. 为了辅助测试 $(V(G), T \bigcup \{e_i\})$ 是否为森林, 用下述方式标记 $(V(G), T)$ 的连通分支. 对每个连通分支, 分配下标并记录该分支的点数. 同时, 对于每个顶点, 存储它所在连通分支的下标. 这样, 可以在 $O(1)$ 时间验证 $(V(G), T \bigcup \{e_i\})$ 是否为森林. 只需要检测 e_i 的两个端点是否在不同的连通分支中即可. 如果添加边 e_i, 则需要将两个连通分支合并成一个. 这可以通过求两个分支的顶点数之和, 并在添加 e_i 之前, 先利用算法 7.1 遍历较小分支的顶点并分配给它们较大分支的下标来实现. 由于一个顶点至多改变所在连通分支 $\lfloor \log_2 n \rfloor$ 次 (因为每次包含该顶点的连通分支规模至少扩大一倍), **for** 循环的总运行时间是 $O(m \log n)$. □

下面给出正确性的第二个证明. 给定最小生成树问题的实例 (G, c), 对于边集 F, 如果存在最小权重生成树 $(V(G), T)$ 使得 $F \subseteq T$, 则称 F 是好的.

引理 9.5 令 (G, c) 是最小生成树问题的实例, $F \subset E(G)$ 是好的集合并且 $e \in E(G) \setminus F$. 则集合 $F \bigcup \{e\}$ 是好的当且仅当存在 $X \subset V(G)$ 使得 $\delta_G(X) \bigcap F = \emptyset$, $e \in \delta_G(X)$, 并且对于所有的 $f \in \delta_G(X)$ 都有 $c(e) \leqslant c(f)$.

证明 "⇒": 假设 $F \bigcup \{e\}$ 是好的, 令 $(V(G), T)$ 是使得 $F \bigcup \{e\} \subseteq T$ 的最小权重生成树, 则 $(V(G), T \setminus \{e\})$ 不连通; 因此可令 X 是其中一个连通分支的顶点集合, 即 $\delta_G(X) \bigcap T = \{e\}$. 如果存在边 $f \in \delta_G(X)$ 使得 $c(f) < c(e)$, 则 $(V(G), (T \setminus \{e\}) \bigcup \{f\})$ 是权重更小的生成树, 这与最优性相矛盾.

"⇐": 反之, 假设 $X \subset V(G)$ 使得 $\delta_G(X) \bigcap F = \emptyset$, $e \in \delta_G(X)$, 并且对于所有的 $f \in \delta_G(X)$ 都有 $c(e) \leqslant c(f)$. 因为 F 是好的, 存在最小权重生成树 $(V(G), T)$ 使得 $F \subseteq T$. 如果 $e \in T$, 则 $F \bigcup \{e\}$ 也是好的, 引理得证. 另一方面, 如果 $e \notin T$, 则 $(V(G), T \bigcup \{e\})$ 包含圈, 且这个圈包含 e 和另外一条边 $f \in \delta_G(X)$. 令 $T' := (T \setminus \{f\} \bigcup \{e\})$. 因为 $c(T') = c(T) - c(f) + c(e) \leqslant c(T)$, 所以 $(V(G), T')$ 也是最小权重生成树. 并且 $F \bigcup \{e\} \subseteq T'$ (因为 $f \notin F$), 因此 $F \bigcup \{e\}$ 是好的. □ [111]

因为 T 在算法的每个时间点都是好的, 上面的引理即可证明 Kruskal 算法的正确性.

这个引理还提供了解决最小生成树问题的另一种方法. 现在介绍另一个著名算法. Jarník [20] 在 1930 年已经发现了这个算法, 但是今天它被归于重新发现这个算法的 Prim [29] 名下.

算法 9.6 (Prim 算法)

输入: 权重函数为 $c: E(G) \to \mathbb{R}$ 的无向连通赋权图 G.

输出: G 的最小权重生成树 $(V(G), T)$.

> 任选一顶点 $v \in V(G)$
> $X \leftarrow \{v\}$
> $T \leftarrow \emptyset$
> **while** $X \neq V(G)$ **do**
>> 选择权重最小的一条边 $e = \{x, y\} \in \delta_G(X)$; 令 $x \in X$ 且 $y \notin X$
>> $T \leftarrow T \bigcup \{e\}$
>> $X \leftarrow X \bigcup \{y\}$

定理 9.7 Prim 算法 9.6 能够正确运行, 并且使用二叉堆, 算法能以运行时间为 $O(m \log n)$ 的方式实现, 其中 $n = |V(G)|$, $m = |E(G)|$.

证明 对于 Prim 算法以下事实成立: 在每个时间点 (X, T) 都是树并且由引理 9.5 可知 T 是好的, 因此算法执行结束时, (X, T) 是最小权重生成树.

为了达到所述运行时间, 将满足 $\delta(v) \bigcap \delta(X) \neq \emptyset$ 的点 $v \in V(G) \backslash X$ 存储在一个堆结构中, 其中 v 的关键字是 $\min\{c(e) : e \in \delta(v) \bigcap \delta(X)\}$. 则运行时间取决于 n 次 insert-、n 次 extract_min- 以及至多 m 次 decrease_key 操作 (详见程序 9.8). 因为 $n \leqslant m + 1$, 由定理 8.19 可知结论成立. □

9.2 Prim 算法的实现

本节将给出 Prim 算法的一种实现, 同时还将给出 Dijkstra 最短路径算法的一个极为相似的实现 (将在后文进行具体介绍). 此处不仅使用 Graph 类 (程序 6.29), 还使用了 Heap<HeapItem> 的派生类 (详见程序 8.18) NodeHeap, 该类按关键字存储图中的顶点. 需要注意派生类中增加的存储数据和重载的 swap 函数. 在 NodeHeap 中, 这个新的 swap 函数仍然被继承的函数 sift_up 和 sift_down 所调用; 这个操作能够实现, 是因为 Heap 中现有的 swap 函数具有相同的接口, 并且 [112] 被声明为 virtual. 因此 remove 操作, 以及 decrease_key 操作也都可以使用.

程序 9.8 (Prim 算法和 Dijkstra 算法)

```
1   // primdijkstra.cpp (Prim's Algorithm and Dijkstra's Algorithm)
2
3   #include "graph.h"
```

```
#include "queue.h"
#include "heap.h"

struct HeapItem
{
    HeapItem(Graph::NodeId nodeid, double key): _nodeid(nodeid),
        _key(key) {}
    Graph::NodeId _nodeid;
    double _key;
};

bool operator<(const HeapItem & a, const HeapItem & b)
{
    return (a._key < b._key);
}


class NodeHeap : public Heap<HeapItem> {
public:
    NodeHeap(int num_nodes): _heap_node(num_nodes, not_in_heap)
    {//creates a heap with all nodes having key = infinite weight
        for(auto i = 0; i < num_nodes; ++i) {
            insert(i, Graph::infinite_weight);
        }
    }

    bool is_member(Graph::NodeId nodeid) const
    {
        ensure_is_valid_nodeid(nodeid);
        return _heap_node[nodeid] != not_in_heap;
    }

    double get_key(Graph::NodeId nodeid)
    {
```

```
37        return get_object(_heap_node[nodeid])._key;
38      }
39
40      Graph::NodeId extract_min()
41      {
42          Graph::NodeId result = Heap<HeapItem>::extract_min().
              _nodeid;
43          _heap_node[result] = not_in_heap;
44          return result;
45      }
46
47      void insert(Graph::NodeId nodeid, double key)
48      {
49          ensure_is_valid_nodeid(nodeid);
50          HeapItem item(nodeid, key);
51          _heap_node[nodeid] = Heap<HeapItem>::insert(item);
52      }
53
54      void decrease_key(Graph::NodeId nodeid, double new_key)
55      {
56          ensure_is_valid_nodeid(nodeid);
57          get_object(_heap_node[nodeid])._key = new_key;
58          Heap<HeapItem>::decrease_key(_heap_node[nodeid]);
59      }
60
61      void remove(Graph::NodeId nodeid)
62      {
63          ensure_is_valid_nodeid(nodeid);
64          Heap<HeapItem>::remove(_heap_node[nodeid]);
65          _heap_node[nodeid] = not_in_heap;
66      }
67
68  private:
69
```

```
70    void ensure_is_valid_nodeid(Graph::NodeId nodeid) const
71    {
72        if (nodeid < 0 or nodeid >= static_cast<int>(_heap_node.
          size()))
73            throw std::runtime_error("invalid nodeid in NodeHeap");
74    }
75
76    void swap(HeapItem & a, HeapItem & b)
77    {
78        std::swap(a,b);
79        std::swap(_heap_node[a._nodeid],_heap_node[b._nodeid]);
80    }
81
82    static const int not_in_heap;
83    std::vector<int> _heap_node;
84  };
85
86  int const NodeHeap::not_in_heap = -1;
87
88
89  struct PrevData {
90      Graph::NodeId id;
91      double weight;
92  };
93
94
95  Graph mst(const Graph & g)
96  {//Prim's Algorithm. Assumes that g is undirected and connected.
97      Graph tree(g.num_nodes(), Graph::undirected);
98      NodeHeap heap(g.num_nodes());
99      std::vector<PrevData> prev(g.num_nodes(), {Graph::
          invalid_node, 0.0});
100
101     const Graph::NodeId start_nodeid = 0;   // start at vertex 0
```

```
102     heap.decrease_key(start_nodeid, 0);
103
104     while (not heap.is_empty()) {
105         Graph::NodeId nodeid = heap.extract_min();
106         if (nodeid != start_nodeid) {
107             tree.add_edge(prev[nodeid].id, nodeid, prev[nodeid].
                    weight);
108         }
109         for (auto neighbor: g.get_node(nodeid).adjacent_nodes())
                {
110             if (heap.is_member(neighbor.id()) and
111                 neighbor.edge_weight() < heap.get_key(neighbor.id
                        ()))
112             {
113                 prev[neighbor.id()] = {nodeid, neighbor.
                        edge_weight()};
114                 heap.decrease_key(neighbor.id(), neighbor.
                        edge_weight());
115             }
116         }
117     }
118     return tree;
119 }
120
121
122 Graph shortest_paths_tree(const Graph & g, Graph::NodeId
        start_nodeid)
123 {   // Dijkstra's Algorithm. The graph g can be directed or
        undirected.
124     Graph tree(g.num_nodes(), g.dirtype);
125     NodeHeap heap(g.num_nodes());
126     std::vector<PrevData> prev(g.num_nodes(), {Graph::
            invalid_node, 0.0});
127
```

```cpp
heap.decrease_key(start_nodeid, 0);

while (not heap.is_empty()) {
    double key = heap.find_min()._key;
    if (key == Graph::infinite_weight) {
        break;
    }
    Graph::NodeId nodeid = heap.extract_min();
    if (nodeid != start_nodeid) {
        tree.add_edge(prev[nodeid].id, nodeid, prev[nodeid].
            weight);
    }
    for (auto neighbor: g.get_node(nodeid).adjacent_nodes())
        {
        if (heap.is_member(neighbor.id()) and
            (key + neighbor.edge_weight() < heap.get_key(
                neighbor.id())))
        {
            prev[neighbor.id()] = {nodeid, neighbor.
                edge_weight()};
            heap.decrease_key(neighbor.id(), key + neighbor.
                edge_weight());
        }
    }
}
return tree;
}


int main(int argc, char * argv[])
{
    if (argc > 1) {
        Graph g(argv[1], Graph::undirected);
        std::cout << "The following is the undirected input graph
```

```
                        :\n";
157            g.print();

158

159            std::cout << "\nThe following is a minimum weight
                        spanning tree:\n";
160            Graph t = mst(g);
161            t.print();

162

163            Graph h(argv[1], Graph::directed);
164            std::cout << "\nThe following is the directed input graph
                        :\n";
165            h.print();

166

167            std::cout<<"\nThe following is a shortest paths tree:\n";
168            Graph u = shortest_paths_tree(h, 0);
169            u.print();
170        }
171    }
```

9.3   最短路: Dijkstra 算法

本节将考虑另一重要的组合优化问题: 最短路问题. 对于权重函数为 $c : E(G) \to \mathbb{R}$ 的赋权图 G, 令

$$\mathrm{dist}_{(G,c)}(x,y) := \min\{c(E(P)) : P \text{ 是 } G \text{ 中的 } x\text{-}y\text{-路}\}$$

表示在图 (G,c) 中 x 到 y 的距离. 对于给定的路 P, 称 $c(E(P))$ 为 P 的 (关于 c 的) 长度.

计算问题 9.9 (最短路问题)

输入: 权重函数为 $c : E(G) \to \mathbb{R}$ 的赋权图 G 以及一对顶点 $s, t \in V(G)$.

[113~115] 任务: 计算图 (G,c) 中的最短 s-t-路或判断在 G 中从 s 不能达到 t.

由于无向图中的每条边 $e = \{v,w\}$ 可以用两条权重为 $c(e)$ 的有向边 (v,w) 和 (w,v) 代替, 因而仅需要考虑有向图.

如果对于所有的边 $e \in E(G)$ 都有 $c(e) = 1$, 问题就相当于仅考虑边的数量 (像之前所处理的情况). 由定理 7.6, 即可得解决方案: 广度优先搜索在线性时间内解

决了最短路问题的这个特例. 当边有不同的权重 (费用、长度) 时, 情况就完全不同了.

当存在带负权值的边时, 问题会变得更加困难. 然而, 在许多实际应用中, 这种情况不会发生; 例如, 当边的权值表示旅行时间或成本时. 因此, 本节暂时假设所有边的权值都是非负的, 则以下著名的 Dijkstra[9] 算法计算了从给定顶点 s 到所有从 s 可到达的顶点的最短路径. 这个算法的实际应用非常广泛.

算法 9.10 (Dijkstra 算法)

输入: 权重函数为 $c: E(G) \to \mathbb{R}_{\geqslant 0}$ 的赋权有向图 G 以及顶点 $s \in V(G)$.

输出: 图 G 中的树形图 $A := (R, T)$, 其中 R 包含所有从 s 可达的顶点, 且对 R 中所有的顶点 v 有 $\mathrm{dist}_{(G,c)}(s,v) = \mathrm{dist}_{(A,c)}(s,v)$ 成立.

$R \leftarrow \emptyset, Q \leftarrow \{s\}, l(s) \leftarrow 0$
while $Q \neq \emptyset$ **do**
  选择 $v \in Q$ 满足 $l(v)$ 最小
  $Q \leftarrow Q \backslash \{v\}$
  $R \leftarrow R \bigcup \{v\}$
  for $e = (v, w) \in \delta_G^+(v), w \notin R$ **do**
    if $w \notin Q$ **or** $l(v) + c(e) < l(w)$ **then** $l(w) \leftarrow l(v) + c(e), p(w) \leftarrow e$
                                    $Q \leftarrow Q \bigcup \{w\}$
$T \leftarrow \{p(v) : v \in R \backslash \{s\}\}$

算法输出的树形图称为最短路径树 (在图 (G, c) 中根节点为 s). 更确切地说, 对于给定的权重函数为 $c: E(G) \to \mathbb{R}_{\geqslant 0}$ 的赋权图 G, **根节点为 s 的最短路径树** H 是 G 的子图, 使得 H 是树或者根节点为 s 的树形图, 且对于所有的从 s 可达的点 v, H 包含一条最短的 s-v-路.

根节点为 s 的最短路径树立即导出了最短路问题的答案, 而且, 它同时求出了此问题对于所有的 $t \in V(G)$ 的答案. 程序 9.8 中实现了 Dijkstra 算法.

定理 9.11 Dijkstra 算法 9.10 正确解决了最短路问题, 且其运行时间为 $O(n^2 + m)$, 其中 $n = |V(G)|$ 和 $m = |E(G)|$.   [116]

证明 在 Dijkstra 算法的任一时间点, 令 $T := \{p(v) : v \in (R \bigcup Q) \backslash \{s\}\}$ 和 $A := (R \bigcup Q, T)$. 下面的不变式在 **while** 循环的每次迭代结束时成立:

(a) 对所有的 $w \in Q \backslash \{s\}$, 有 $p(w) \in \delta_G^+(R) \bigcap \delta^-(w)$;

(b) $A[R]$ 是图 G 中根节点为 s 的树形图;

(c) 对所有的 $v \in R \bigcup Q$, 有 $l(v) = \mathrm{dist}_{(A,c)}(s, v)$;

(d) 对所有的 $e = (u, w) \in \delta_G^+(R)$ 有 $w \in Q$ 且 $l(v) + c(e) \geqslant l(w)$;

(e) 对所有的 $v \in R$ 有 $l(v) = \text{dist}_{(G,c)}(s, v)$.

注意 (b)—(e) 以及循环结束时 $Q = \emptyset$ 蕴涵了正确性.

(a)—(c) 总是成立. (d) 在每次迭代结束处, v 被添加到 R 中时也成立; 那以后, $l(v)$ 保持不变而且没有任何 $l(w)$ 会增加.

还需证明当顶点 v 被添加到 R 中时, (e) 保持成立. 由 (c) 可得 $l(v) \geqslant \text{dist}_{(G,c)}(s, v)$ 恒成立; 因此只需证明反向的不等式; 令 $v \in V(G) \backslash \{s\}$. 考虑 v 被添加到 R 之前的这个时间点. 假设在 G 中存在长度小于 $l(v)$ 的 s-v-路 P. 在该时间点上, 令 x 是 P 上已经属于 R 的点中最后的一个 (特别地 $x \neq v$), 又令边 $e = (x, y) \in \delta^+(x) \bigcap E(P)$ 是 x 的后继 (因此 $y \notin R$; 可能 $y = v$). 则 $y \in Q$ (因为 (d)), 并且

$$c(E(P)) \geqslant \text{dist}_{(G,c)}(s, x) + c(e) = l(x) + c(e) \geqslant l(y) \geqslant l(v),$$

所求得证; 此处, 由于所有边的权重都是非负的, 故第一个不等式成立, 因为 (e) 对 x 成立, 故等式成立, 根据 (d), 倒数第二个不等式成立, 并且由算法中 v 的选择, 最后一个不等式成立.

最后, 关于运行时间: **while** 循环至多迭代 n 次, v 的选择可以在 $O(n)$ 时间确定并且在内循环 **for** 中每条边被考虑仅一次. 即可得总的运行时间为 $O(n^2 + m)$.

$\square$

备注 9.12 在定理 9.11 的证明中给出的不变式 (b), (c) 和 (e) 表明, 如果仅需要一条最短的 s-t-路, 只要 $t \in R$ 算法即可结束. 在实际应用中这可以改进运行时间, 但并不会产生更好的渐近运行时间.

正如 Prim 算法一样, Dijkstra 算法也可以利用堆来更有效地实现:

定理 9.13 利用二叉堆可以实现 Dijkstra 算法 9.10, 使得其运行时间为 $O(m \log n)$.

证明 使用二叉堆实现集合 Q, 其中顶点 v 的关键字自然取为 $l(v)$. 则至多有 n 次 `extract_min` 操作、n 次 `insert` 操作和 m 次 `decrease_key` 操作 (详见程序 9.8). 则运行时间由定理 8.19 可确定. $\square$

在实践中, 大多数最短路问题运用 Dijkstra 算法得到解决. 然而, 当边的权值可以为负时, Dijkstra 算法通常完全不适用. 在这种情况下, 需要其他的较慢的算法.

9.4　保守的边权重

定义 9.14　令 G 是边权重函数为 $c: E(G) \to \mathbb{R}$ 的赋权图. 如果 (G, c) 不包含带有负权重的圈, 则称权重函数 c 为**保守**的.

对于给定的路 P 和顶点 $x, y \in V(P)$, 令 $P_{[x,y]}$ 表示 P 中的从 x 到 y 的路. 下述引理具有重要意义, 因为它的陈述等价于最短路径树存在.

引理 9.15　令 G 为带有保守的权重函数 $c: E(G) \to \mathbb{R}$ 的图. 令 $s, w \in V(G)$ 且 $s \neq w$. 令 P 是最短的 s-w-路, 并假设 $e = (v, w)$ 是 P 上的最后一条边. 则 $P_{[s,v]}$ 也是最短 s-v-路.

证明　假设存在一条 s-v-路 Q 使得 $c(E(Q)) < c(E(P_{[s,v]}))$, 则 $c(E(Q)) + c(e) < c(E(P))$.

如果 $w \notin V(Q)$, 则 $(V(Q) \bigcup \{w\}, E(Q) \bigcup \{e\})$ 是比 P 更短的 s-w-路; 矛盾. 因此 $w \in V(Q)$ 且 $C := (V(Q_{[w,v]}), E(Q_{[w,v]}) \bigcup \{e\})$ 是 G 中的圈, 满足

$$\begin{aligned} c(E(C)) &= c(E(Q_{[w,v]})) + c(e) \\ &= c(E(Q)) + c(e) - c(E(Q_{[s,w]})) \\ &< c(E(P)) - c(E(Q_{[s,w]})) \\ &\leqslant 0. \end{aligned}$$

这与 c 是保守的相矛盾. □

通常情况下, 当边的权重可以取任意值时, 保守性不成立. 对于有向图的情形, 下述算法的正确性将产生引理 9.15 的第二种证明: [118]

算法 9.16 (Moore-Bellman-Ford 算法)

输入: 权重函数 $c: E(G) \to \mathbb{R}$ 保守的赋权有向图 G 以及顶点 $s \in V(G)$.

输出: 图 G 中的树形图 $A := (R, T)$, 其中 R 包含所有从 s 可达的顶点, 且对 R 中所有的顶点 v 有 $\operatorname{dist}_{(G,c)}(s,v) = \operatorname{dist}_{(A,c)}(s,v)$ 成立.

$n \leftarrow |V(G)|$
$l(v) \leftarrow \infty$, 对于所有 $v \in V(G) \backslash \{s\}$
$l(s) \leftarrow 0$
for $i \leftarrow 1$ **to** $n-1$ **do**
　　for $e = (v, w) \in E(G)$ **do**
　　　　if $l(v) + c(e) < l(w)$ **then** $l(w) \leftarrow l(v) + c(e), p(w) \leftarrow e$
$R \leftarrow \{v \in V(G) : l(v) < \infty\}$
$T \leftarrow \{p(v) : v \in R \backslash \{s\}\}$

定理 9.17 Moore-Bellman-Ford 算法 9.16 正确解决了最短路问题, 且其运行时间是 $O(mn)$, 其中 $n = |V(G)|$ 和 $m = |E(G)|$.

证明 关于运行时间的结论是容易证明的. 在算法的任何时间点, 定义 $A := (R, T)$, 其中 $R := \{v \in V(G) : l(v) < \infty\}$ 和 $T := \{p(v) : v \in R \backslash \{s\}\}$. 首先证明基于这些定义, 下述不变式总是成立的:

(a) 对所有满足 $p(y) = e = (x, y)$ 的 $y \in R \backslash \{s\}$, 都有 $l(y) \geqslant l(x) + c(e)$ 成立;

(b) A 是 G 中根节点为 s 的树形图;

(c) 对所有的 $v \in R$ 都有 $l(v) \geqslant \text{dist}_{(A,c)}(s, v)$ 成立.

为证明 (a), 注意到: 当最后一次改变 $l(v)$ 时, $p(y)$ 也被设定成 $e = (x, y)$, 从而 $l(y) = l(x) + c(e)$ 是有效的; 从那时起 $l(x)$ 只可能减小.

由 (a) 可得, 对 A 中每条 w-v-路 P, 均有 $l(v) \geqslant l(w) + c(E(P))$. 现在证明 (b). 假设在 A 中插入边 $e = (v, w)$ 后会构成圈, 则说明在 A 中事先已经存在一个 w-v-路 P, 因此 $l(v) \geqslant l(w) + c(E(P))$ 成立. 另一方面, $l(w) > l(v) + c(e)$ 成立, 否则 $p(w)$ 将不可能被设成 e. 因此 $c(E(P)) + c(e) < 0$ 且 $(V(P), E(P) \bigcup \{e\})$ 是带有负值权重的圈; 这与 c 是保守的相矛盾. 因此 A 总是满足定理 6.23 的情况 (g); 即 (b) 成立.

(a) 和 (b) 蕴含 (c), 因此对于所有的 v 均有 $l(v) \geqslant \text{dist}_{(G,c)}(s, v)$. 为了完成正确性的证明, 将证明下述论断:

断言: 对所有的 $k \in \{0, \cdots, n-1\}$, $v \in V(G)$ 和 G 中所有长度不大于 k 的 [119] s-v-路 P, 在 k 次迭代后有 $l(v) \leqslant c(E(P))$.

因为在 G 中不存在边数超过 $n-1$ 的路, 所以该断言表明了算法的正确性.

断言的证明通过对 k 进行归纳进行. 当 $k = 0$ 时, 显然成立, 因为在零次迭代后 $l(s) = 0 = \text{dist}_{(G,c)}(s, s)$.

因此令 $k \in \{1, \cdots, n-1\}$, 顶点 $v \in V(G) \backslash \{s\}$ 且 P 是 (G, c) 中长度不大于 k 的 s-v-路. 令 $e = (u, v)$ 为这条路的最后一条边. 由归纳假设可知在 $k-1$ 次迭代后有 $l(u) \leqslant c(E(P_{[s,u]}))$ 成立, 在第 k 次迭代中需要考虑的是确保 $l(v) \leqslant l(u) + c(e) \leqslant c(E(P_{[s,u]})) + c(e) = c(E(P))$ 成立的边 e. □

这个算法归功于 Moore [26], 并且建立在 Bellman [3] 和 Ford [13] 的论文基础之上. 针对带有保守权重的赋权有向图中的最短路问题, 它是迄今为止最快的算法.

由于用两条相同权重的边 (v, w) 和 (w, v) 代替一条权重为负的边 $\{v, w\}$ 会产生权重为负的圈 (长度为 2), 故 Moore-Bellman-Ford 算法不能用于带有保守的边权重的无向图.

同样值得注意的是, 本章讨论的所有算法都适用于边的权重为实数的情形, 只要能够处理实数, 特别是比较运算和算术基本运算 (实际上只需要加法). 当然在实践中必须把权重限制为有理数或机器数. 为了避免舍入误差, 通常选择将权重限制为整数.

9.5　具有任意边权重的最短路

对于每个计算问题, 应该规定输入的精确编码方法 (0, 1 和/或实数的序列), 由于所有合理的编码都是等价的, 故本书没有明确地把这点作为规则说明.

定义 9.18　如果算法的输入由 0 和 1 组成, 对于某个 $k \in \mathbb{N}$ 其运行时间为 $O(n^k)$, 其中 n 为输入长度, 则称该算法是**多项式的** (也称它有多项式规模的运行时间). 如果算法的输入也可能包含实数, 其对于有理数输入是多项式的, 并且存在 $k \in \mathbb{N}$ 使得计算步骤的数目 (包括涉及实数的比较运算和基本算术运算) 是 $O(n^k)$, 其中 n 是输入的实数和位数的数目, 则该算法被称作是**强多项式的**.

除了第一章和第五章出现的算法, 本书到目前为止涉及的所有算法都有多项式的运行时间. 而到目前为止所有在这一章出现的算法 (以及在第六章出现的算法) 更都是强多项式的.

然而, 对于允许边权重任意取值的最短路问题, 目前还没有多项式时间算法. Held 和 Karp 证明了 [18], 至少有比检查所有的路径更好的方法: 　　　　　　[120]

定理 9.19　一般的最短路问题可以在 $O(m + n^2 2^n)$ 时间解决, 其中 $n = |V(G)|$ 和 $m = |E(G)|$.

证明　令 (G, c, s, t) 是最短路问题的实例. 正如在定理 9.4 的证明中那样, 可以事先删除所有的重边. 对于 $A \subseteq V(G)$ 且 $s \in A$ 和 $a \in A$, 令 $l_A(a)$ 为具有顶点集合 A 的最短 s-a-路的长度. 如果没有这样的路存在, 则 $l_A(a)$ 为 ∞.

总有 $l_{\{s\}}(s) = 0$, 以及对于所有的 $A \supset \{s\}$, $l_A(s) = \infty$. 对于 $s \in A$ 的顶点集合 $A \subseteq V(G)$ 和 $a \in A \backslash \{s\}$, 下式成立:

$$l_A(a) = \min\{l_{A \backslash \{a\}}(b) + c(e) : b \in A \backslash \{a\}, e = (b, a) \in \delta^-(a) \text{ 或 } \{b, a\} \in \delta(a)\}.$$

这些数一共有不超过 $2^{n-1}n$ 个. 它们的计算可以通过对递增的 $|A|$ 计算 $l_A(a)$ 而在 $O(2^n n^2)$ 时间内完成。

最终有 $\mathrm{dist}_{(G,c)}(s, t) = \min\{l_A(t) : \{s, t\} \subseteq A \subseteq V(G)\}$, 通过利用达到最小值的集合 A, 结合前面计算的数, 即可在 $O(n^2)$ 时间找到最短路.　　　□

当然该算法不是多项式的, 并且当 $n \geqslant 50$ 甚至更小的时候, 该算法并不实用. 然而目前还未设计出更为高效的算法. 一般最短路问题的多项式算法存在的充要

条件是 $\mathbf{P} = \mathbf{NP}$ 成立; 后者可能是算法数学中最重要的公开问题. 这里 $\mathbf{P}$ 表示存在多项式算法的所有判定问题的集合, 而 $\mathbf{NP}$ 表示具有以下性质的所有判定问题的集合: 存在多项式 p, 使得对于所有的 $n \in \mathbb{N}$ 下述都成立, 即对于每个有 n 位且正确答案为 "是" 的实例, 总存在最多有 $p(n)$ 位的序列 (称为实例的证据) 以 "证明" 这个陈述: 存在多项式算法, 检查每对实例及其所声称的证据的正确性.

例如, 关于给定的无向图中是否包含生成圈 (通常称为哈密顿圈) 的判定问题属于 $\mathbf{NP}$ 类, 因为哈密顿圈就可以作为证据. 并且, 对于该问题而言, 存在多项式算法当且仅当 $\mathbf{P} = \mathbf{NP}$ 成立. 对于大量重要的计算问题而言, 上述情况也成立. 这就是为什么这个问题如此重要.

其中之一就是著名的旅行商问题: 希望在给定的边赋权的完全图中找到最小权重的哈密顿圈. 注意旅行商问题可以利用定理 9.19 证明中的数目 $l_A(a)$ 来解决: 显然最短哈密顿圈长度为 $\min\{l_{V(G)}(t) + c(e) : e = \{t, s\} \in \delta(s)$ 或 $e = (t, s) \in \delta^-(s)\}$. 这里由 Held 和 Karp 的算法给出的运行时间 $(n^2 2^n)$ 仍然是迄今最好的渐近时间. 即便如此, 有人已经 (结合其他算法) 成功地对具有数千个顶点的实例进行了最优求解 [2].

第十章

匹配和网络流

本章将解决另外两个基本的组合优化问题: 二部图中的最大匹配问题和网络中的最大流问题, 并将说明第一个问题是第二个问题的特例. 也因此, 这两个问题的解决都使用到同样的基本方法, 即增广路径.

10.1 匹配问题

定义 10.1 令 G 为无向图. 如果对于边集合 $M \subseteq E(G)$, 以及所有顶点 $v \in V(G)$, 都有 $|\delta_G(v) \bigcap M| \leqslant 1$, 则称 M 为 G 的**匹配**. 边数为 $\frac{|V(G)|}{2}$ 的匹配称作**完美匹配**.

计算问题 10.2 (匹配问题)
输入: 无向图 G.
任务: 搜索 G 中最大基数的匹配.

命题 10.3 可以在 $O(m + n)$ 时间搜索到极大匹配, 其中 $n = |V(G)|$ 和 $m = |E(G)|$.

证明 可以通过贪婪算法实现. 设置初始为空的边集 M. 检验每一条边, 如果将该边加入 M 后仍能保证 M 为 G 的匹配, 则将其加入 M 中. □ [123]

定理 10.4 如果 M 是极大匹配而 M^* 是最大匹配, 则 $|M| \geqslant \frac{1}{2}|M^*|$.

证明 给定 G 的匹配 M, 令 $V_M := \{x \in V(G) : \delta_G(x) \bigcap M \neq \emptyset\}$ 为被 M 覆

盖的顶点集合, 则 $|V_M| = 2|M|$. 如果 M 是极大匹配, 则对每条边 $e \in E(G)$, 同样地对每条边 $e \in M^*$, 至少有一个端点在 V_M 中. 因为在 M^* 中任意两条边都没有公共端点, 故 $|M^*| \leqslant |V_M| = 2|M|$. □

用长为 3 的路即可以说明定理 10.4 中给出的界无法被改进. 因此最优匹配的边数至多是贪婪算法构造的匹配边数的 2 倍. 故该贪婪算法也可以说是匹配问题的 2-近似算法.

下述定义是几乎所有匹配算法的基础:

定义 10.5 令 G 为无向图且 M 是 G 的匹配. 设 P 为 G 中的路, 若 P 满足 $|E(P) \bigcap M| = |E(P) \backslash M| - 1$, 且它的端点和 M 的任何一条边都不关联, 则称其为 G 的 M-增广路.

因此每条 M-增广路的长度均是奇数且它的边交替位于 $E(G) \backslash M$ 和 M 中. Petersen [28] 和 Berge [4] 得到的下述重要结果刻画了最大匹配的特征.

定理 10.6 令 G 为无向图, M 是 G 的匹配. 则在 G 中存在匹配 M' 使得 $|M'| > |M|$ 的充要条件是 G 中存在 M-增广路.

证明 如果 P 是 M-增广路, 则 $M \triangle E(P)$ 是更大的匹配.

相反, 如果 M' 是 G 的匹配且满足 $|M'| > |M|$, 则 $(V(G), M \triangle M')$ 是顶点度不大于 2 的图. 因此 $M \triangle M'$ 可被划分为两两顶点不相交的偶长圈和路的集合, 其中每个圈和每条路的边都交替位于 M 和 M' 中. 则至少存在一条路 P 满足 $|E(P) \bigcap M| < |E(P) \bigcap M'|$, 从而 P 是 M-增广路. □

10.2 二部图上的匹配

本节介绍二部图上最优匹配问题的求解算法, 这个算法可以追溯到 van der Waerden 和 König. 对于一般图存在效率相同但更为复杂的算法.

[124]

算法 10.7 (二部图的匹配算法)

输入: 二部图 G.

输出: 图 G 的最大匹配 M.

$$M \leftarrow \emptyset$$
$$X \leftarrow \{v \in V(G) : \delta(v) \neq \emptyset\}$$

找到 $G[X]$ 的一个二部划分 $V(G) = A \dot\bigcup B$

while true do
  $$V(H) \leftarrow A \dot\bigcup B \dot\bigcup \{s, t\}$$

$$E(H) \leftarrow (\{s\} \times (A \bigcap X)) \bigcup \{(a,b) \in A \times B : \{a,b\} \in E(G) \backslash M\}$$
$$\bigcup \{(b,a) \in B \times A : \{a,b\} \in M\} \bigcup ((B \bigcap X) \times \{t\})$$

if t 在 H 中从 s 是不可达的 **then stop**

令 P 是 H 中的 s-t-路 H

$M \leftarrow M \triangle \{\{v,w\} \in E(G) : (v,w) \in E(P)\}$

$X \leftarrow X \backslash V(P)$

定理 10.8 算法 10.7 能够正确求解二部图上的匹配问题, 且运行时间为 $O(nm)$, 其中 $n = |V(G)|$ 和 $m = |E(G)|$.

证明 令 P 是 H 中的 s-t-路, 则 $(V(P) \backslash \{s,t\}, \{\{v,w\} \in E(G) : (v,w) \in E(P)\})$ 是 M-增广路, 因此在算法执行过程中 M 的规模增大. 并且, X 总是包含 G 中未被 M 覆盖的非孤立点.

反之, G 中每条 M-增广路 P 的端点为 $\bar{a} \in A \bigcap X$ 和 $\bar{b} \in B \bigcap X$. 故 $(V(P) \bigcup \{s,t\}, \{(s,\bar{a}),(\bar{b},t)\} \bigcup \{(a,b) : \{a,b\} \in E(P) \backslash M\} \bigcup \{(b,a) : \{a,b\} \in E(P) \bigcap M\})$ 是 H 中的 s-t-路. 因此当算法结束时由定理 10.6 可知 M 是最大匹配.

算法运行的时间可估算如下, 在算法 7.1 的至多 $\frac{n}{2}$ 次迭代中, 每次迭代在 $O(m)$ 时间或者找到一条 s-t-路, 或者判定其不存在. □

Frobenius [16] 第一次证明了下述定理:

定理 10.9 (Marriage 定理) 令 $G = (A \dot{\bigcup} B, E(G))$ 为二部图且 $|A| = |B|$, 则 G 存在完美匹配的充要条件是对所有的 $S \subseteq A$ 都有 $|N(S)| \geqslant |S|$ 成立.

证明 如果 G 有一个完美匹配 M, 则对所有的 $S \subseteq A$ 都有 $|N_G(S)| \geqslant |N_{(V(G),M)}(S)| = |S|$ 成立. 因此该条件是必要的.

本节将通过对 $|A|$ 的归纳来证明该条件是充分的. 如果 $|A| = 1$ 显然成立. 因此假设 $|A| \geqslant 2$.

如果对所有的 $\emptyset \neq S \subset A$ 都有 $|N(S)| \geqslant |S| + 1$ 成立, 令 $e = \{a,b\}$ 是 G 中的任意一条边. 则由归纳假设 $G' := G - a - b$ 有完美匹配 M': 因为对所有的 [125] $\emptyset \neq S \subseteq A \backslash \{a\}$ 都有 $|N_{G'}(S)| \geqslant |N_G(S)| - 1 \geqslant |S|$. 因此 $M' \bigcup \{e\}$ 是 G 的一个完美匹配.

故不妨假设存在 $\emptyset \neq S \subset A$ 使得 $|N(S)| = |S|$. 则由归纳假设 $G[S \bigcup N(S)]$ 有完美匹配 M. 现在考虑图 $G' := G[(A \backslash S) \bigcup (B \backslash N(S))]$. 对于每个 $T \subseteq A \backslash S$ 总有 $|N_{G'}(T)| = |N_G(T \bigcup S) \backslash N_G(S)| = |N_G(T \bigcup S)| - |S| \geqslant |T \bigcup S| - |S| = |T|$ 成立. 因此由归纳假设 G' 有完美匹配 M'. 故 $M \bigcup M'$ 是 G 的完美匹配. □

10.3 最大流最小割定理

定义 10.10 令 G 为有向图, 定义函数 $u: E(G) \to \mathbb{R}_{\geqslant 0}$, 其中 $u(e)$ 称为边 e 的**容量**, 给定两个特殊点 (**源点**) $s \in V(G)$ 和 (**汇点**) $t \in V(G)$. 4 元组 (G, u, s, t) 称为**网络**.

若函数 $f: E(G) \to \mathbb{R}_{\geqslant 0}$ 对所有的 $e \in E(G)$ 都满足 $f(e) \leqslant u(e)$ 且

$$f(\delta^-(v)) = f(\delta^+(v)), \quad v \in V(G) \backslash \{s, t\} \tag{10.1}$$

以及

$$\mathrm{val}(f) := f(\delta^+(s)) - f(\delta^-(s)) \geqslant 0,$$

则称 f 为 (G, u) 中的 s-t-**流**, $\mathrm{val}(f)$ 表示 f 的**流值**.

此处再次使用了简练记号 $f(A) := \sum_{e \in A} f(e)$. 条件 (10.1) 称为流的守恒规则. 图 10.1给出了实例.

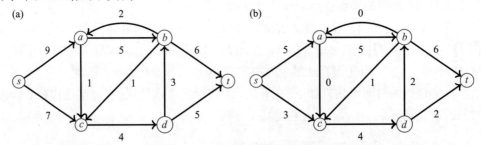

图 10.1 　(a) 网络 (边上的数字表示它们的容量); (b) 该网络中一个流值为 8 的 s-t-流

计算问题 10.11 (流问题)

输入: 网络 (G, u, s, t).

任务: 找出 (G, u) 中的最大 s-t-流.

因为最大流问题是在紧集上对连续函数的最大化, 故取值最大的 s-t-流 (或者简称为最大流) 总是存在的. 本书同时给出了构造性 (算法性) 证明.

引理 10.12 令 (G, u, s, t) 为网络, f 是 (G, u) 中的 s-t-流, 则对于所有满足 $s \in A, t \notin A$ 的顶点子集 $A \subset V(G)$, 均有:

(a) $\mathrm{val}(f) = f(\delta^+(A)) - f(\delta^-(A))$,

(b) $\mathrm{val}(f) \leqslant u(\delta^+(A))$.

证明 　(a): 由流的守恒规则, 对于所有的 $v \in A \backslash \{s\}$, 有

$$\mathrm{val}(f) = f(\delta^+(s)) - f(\delta^-(s)) = \sum_{v \in A} (f(\delta^+(v)) - f(\delta^-(v)))$$

$$= f(\delta^+(A)) - f(\delta^-(A)).$$

(b): 因为对于所有的 $e \in E(G), 0 \leqslant f(e) \leqslant u(e)$, 由 (a) 可得

$$\mathrm{val}(f) = f(\delta^+(A)) - f(\delta^-(A)) \leqslant u(\delta^+(A)). \qquad \square$$

这就引出了下述定义:

定义 10.13 令 (G, u, s, t) 为网络. 顶点子集 $X \subset V(G), s \in X, t \notin X$, 边集合 $\delta^+(X)$ 称为 G 中的 *s-t-***割**. *s-t-*割 $\delta^+(X)$ 的**容量**为 $u(\delta^+(X))$ (即它的边容量之和).

由引理 10.12 可知 *s-t-*流的最大值不会超过 *s-t-*割的最小容量. 实际上, 本节将通过算法证明, 等号是成立的, 如下所示. 首先定义如何沿着 *s-t-*路逐步地扩充 ("增广") *s-t-*流.

定义 10.14 令 (G, u, s, t) 为网络, f 是其中的一个 *s-t-*流. 对于给定的边 $e = (x, y) \in E(G)$, 令 $\overleftarrow{e}$ 表示从 y 到 x 的一条新的**反向边** (即这条边不属于 G). **剩余图** G_f 定义如下: $V(G_f) := V(G), E(G_f) := \{e \in E(G) : f(e) < u(e)\} \dot\bigcup \{\overleftarrow{e} : e \in E(G), f(e) > 0\}$. G_f 中的一条 *s-t-*路称为 **f-增广路**. **剩余** [127] **容量** $u_f : E(G) \bigcup \{\overleftarrow{e} : e \in E(G)\} \to \mathbb{R}_{\geqslant 0}$ 定义如下: 对于所有的边 $e \in E(G)$, $u_f(e) := u(e) - f(e), u_f(\overleftarrow{e}) := f(e)$.

图 10.2 给出了例子, 注意即使 G 是简单图, G_f 也会包含平行边, 剩余图的所有边都有正的剩余容量.

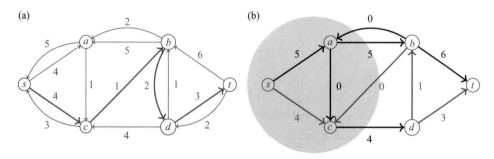

图 10.2 (a) 图 10.1 中所描述的网络 (G, u, s, t) 和 *s-t-*流的剩余图 G_f 以及剩余容量 u_f, 加粗的边表示了一条 f-增广路 P (路中顶点为 s, c, b, d, t); (b) f 的流值沿 P 增加 1 而得到的 *s-t-*流. 由阴影圆形区域中的顶点集合所导出的 *s-t-*割可以看出, 这个流具有最大流值

引理 10.15 令 (G, u, s, t) 为网络, f 是 (G, u) 中的 *s-t-*流, P 是 f-增广路. 令 $0 \leqslant \gamma \leqslant \min_{e \in E(P)} u_f(e)$. 将 f 的流值沿 P 增加 γ 后的结果定义为流 $f' : E(G) \to \mathbb{R}_{\geqslant 0}$, 其中, 若 $e \in E(G) \bigcap E(P)$ 则 $f'(e) := f(e) + \gamma$, 若 $e \in E(G)$ 且

$e \in E(P)$ 则 $f'(e) := f(e) - \gamma$. 对于 G 其余的边, $f'(e) := f(e)$. 则 f' 是 G 中流值比 f 的流值多 γ 的 $s\text{-}t\text{-}$流.

证明 该引理可以由剩余图的定义直接推出. □

定理 10.16 令 (G, u, s, t) 为网络. (G, u) 中的 $s\text{-}t\text{-}$流 f 取得最大值当且仅当在 G 中没有 f-增广路.

证明 如果存在一条 f-增广路 P, 那么根据引理 10.15, 沿着 P, f 的流值能够增加 $\min_{e \in E(P)} u_f(e)$ 从而得到更大的流.

如果不存在 f-增广路, 则在 G_f 中 s 不能到达 t. 令 R 表示 G_f 中能够从 s 到达的点集. 则对于所有的 $e \in \delta_G^+(R)$ 有 $f(e) = u(e)$, 而对于所有的 $e \in \delta_G^-(R)$ 有 $f(e) = 0$, 否则 (根据 G_f 的定义) 剩余图中存在从 R 出发的边. 由引理 10.12(a) 可得:

$$\operatorname{val}(f) = f(\delta_G^+(R)) - f(\delta_G^-(R)) = u(\delta_G^+(R)).$$

[128] 由引理 10.12(b) 可知 f 有最大流值. □

现在可以介绍及证明 Dantzig, Ford 和 Fulkerson 给出的著名定理 [8, 14]:

定理 10.17 (最大流最小割定理) 在每个网络 (G, u, s, t) 中, $s\text{-}t\text{-}$流的最大值等于 $s\text{-}t\text{-}$割的最小容量.

证明 由引理 10.12(b) 可知, $s\text{-}t\text{-}$流的值总是小于或者等于 $s\text{-}t\text{-}$割的容量. 而定理 10.16 的证明则说明了, 对于每个最大 $s\text{-}t\text{-}$流 f 总存在一个 $s\text{-}t\text{-}$割 $\delta^+(R)$ 使得 $\operatorname{val}(f) = u(\delta^+(R))$. □

10.4 最大流算法

根据上一节的结果, Ford 和 Fulkerson [15] 设计了下面的算法:

算法 10.18 (Ford-Fulkerson 算法)

输入: 容量为整数的网络 (G, u, s, t).

输出: 流值为整数的最大 $s\text{-}t\text{-}$流.

$$f(e) \leftarrow 0,\ 对所有\ e \in E(G)$$
$$\textbf{while}\ 存在\ f\text{-}增广路\ P\ \textbf{do}$$
$$\gamma \leftarrow \min_{e \in E(P)} u_f(e)$$
$$将\ f\ 的流值沿\ P\ 增加\ \gamma$$

定理 10.19 Ford-Fulkerson 算法 10.18 能够正确求解最大流问题, 并且能以运行时间 $O(mW)$ 实现, 其中 $m = |E(G)|$, W 是 s-t-流的最大值. 特别地, $W \leqslant u(\delta^+(s))$.

证明 在算法的每一次迭代中, f 的流值增量为整数 γ (剩余容量总是整数). 因此, 算法最多经历 W 次迭代之后终止. 而且, 由定理 10.16 可知算法终止时输出流值最大的 s-t-流. 由引理 10.12(a) 可得 $W \leqslant u(\delta^+(s))$. 运用图的遍历算法能够保证一次迭代在 $O(m)$ 时间内完成. □

下述结论值得注意:

推论 10.20 令 (G, u, s, t) 是容量为整数的网络, 则存在流值为整数的最大 s-t-流.

证明 Ford-Fulkerson 算法可以搜索到这样的流. □ [129]

注意二部图匹配算法 10.7 是 Ford-Fulkerson 算法的特例, 即可以对首次迭代中所构造有向图 H 的所有边赋以容量 1, 并对其运用 Ford-Fulkerson 算法. 也可以从最大流最小割定理导出 Marriage 定理 10.9.

一般情况下, Ford-Fulkerson 算法的运行时间不会是多项式的, 正如在图 10.3 中的实例所示.

Ford-Fulkerson 算法完全不适用于容量为无理数的网络: 在这种情况下, 甚至不能保证算法终止, f 的值也未必收敛到最优值.

Edmonds 和 Karp [11] 改进了 Ford-Fulkerson 算法, 他们在 G_f 中引入广度优先搜索来寻找增广路, 从而得到了强多项式算法. 下文介绍这一算法.

引理 10.21 令 G 为有向图, s, t 是两个顶点. 令 F 是 G 中所有最短 s-t-路的边集的并集, 且 $e \in F$. 则 F 也是 $(V(G), E(G) \bigcup \{\overleftarrow{e}\})$ 中所有最短 s-t-路的边集的并集.

证明 令 $k := \text{dist}_G(s, t)$, P 是 s-t-路且 $|E(P)| = k$ 和 $e \in E(P)$. 假设在 $(V(G), E(G) \bigcup \{\overleftarrow{e}\})$ 中存在 s-t-路 Q, $|E(Q)| \leqslant k$, $\overleftarrow{e} \in E(Q)$. 考虑 $H := (V(G), (\{f, g\} \dot{\bigcup} E(P) \dot{\bigcup} E(Q)) \setminus \{e, \overleftarrow{e}\})$, 其中 f 和 g 是新增加的两条从 t 到 s 的边. 由于 H 满足引理 6.10 的条件, 故 H 中存在两个边不交的圈, 其中一个圈包含边 f, 另外一个圈包含边 g. 这样在 G 中会产生两条 s-t-路, 它们的总长度不会超过 $|E(H)| - 2 = |E(P)| + |E(Q)| - 2 \leqslant 2k - 2$, 与 k 的定义矛盾. □

定理 10.22 如果在 Ford-Fulkerson 算法中始终选择边尽可能少的增广路, 则该算法即使在容量为任意值 $u : E(G) \to \mathbb{R}_{\geqslant 0}$ 的条件下, 也能在最多进行

$2|E(G)||V(G)|$ 次迭代后终止.

证明 由引理 10.21 可知 $\text{dist}_{G_f}(s,t)$ 不会减少. 往证 $\text{dist}_{G_f}(s,t)$ 不会在超过 $2|E(G)|$ 次迭代后保持不变. 由引理 10.21 可知, 在这个时间间隔内, G_f 中所有最短 s-t-路的边集的并集不会增加, 但在每次迭代中, 可能会因为 $E(P)$ 中满足 $u_f(e) = \gamma$ 的边 e 被去掉而减少. □

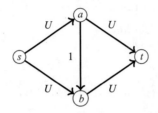

图 10.3　本实例中, 如果一直沿着具有三条边的路径进行扩展, 则 Ford-Fulkerson 算法需要 U 次迭代, 其中 $U \in \mathbb{N}$. 注意, 在本例中用 $o(\log u)$ 位进行编码

[130]

该算法称为 Edmonds-Karp 算法. 由以上分析, 它的运行时间为 $O(m^2 n)$, 其中 $n = |V(G)|$ 和 $m = |E(G)|$. 此外, 该算法构造性地证明了每个网络都有最大的 s-t-流. 但是, 如果在输入中容量采用机器数的形式, 则不能保证由机器数组成的最大 s-t-流存在.

注意到流问题是一类特殊的线性规划: 某个线性目标函数在一些线性不等式定义的区域内达到最大化. 事实上, 一般的线性规划可以在多项式时间内求解, 但流问题更加复杂. 在下一章也就是最后一章, 本书将讨论更特殊的情况: 求解线性方程组.

[131]

第十一章

高斯消去法

本章将讨论线性方程组的求解问题. 方程组形式如下:

$$\alpha_{11}\xi_1 + \alpha_{12}\xi_2 + \cdots + \alpha_{1n}\xi_n = \beta_1$$
$$\vdots \qquad\qquad \vdots \qquad \vdots$$
$$\alpha_{m1}\xi_1 + \alpha_{m2}\xi_2 + \cdots + \alpha_{mn}\xi_n = \beta_m$$

(或者更简洁的形式 $Ax = b$), 其中, 给定 $A = (\alpha_{ij})_{1\leqslant i\leqslant m, 1\leqslant j\leqslant n} \in \mathbb{R}^{m\times n}$, $b = (\beta_1, \cdots, \beta_m)^\top \in \mathbb{R}^m$, 要确定 $x = (\xi_1, \cdots, \xi_n)^\top \in \mathbb{R}^n$. 换句话说, 希望解决下面的数值计算问题:

计算问题 11.1 (线性方程组)

输入: 矩阵 $A \in \mathbb{R}^{m\times n}$ 和向量 $b \in \mathbb{R}^m$.

任务: 找出向量 $x \in \mathbb{R}^n$ 满足 $Ax = b$ 或者判定不存在这样的向量.

由线性代数中的理论可知, 该问题与求矩阵的秩, 在 $m = n$ 时求矩阵的行列式, 以及矩阵 A 非奇异时求 A 的逆 A^{-1} 等问题密切相关. 参见**秩和行列式**. 所有这些问题都可以用本章将要研究的高斯消去法解决, 计算问题 11.1 定义在实数域内, 但也同样适用于其他在其中可计算的域 (如复数域 $\mathbb{C}$).

用于求解线性方程组的算法不仅在线性代数中, 而且在微分方程组的数值解、线性和非线性优化, 以及众多相关的应用中都发挥基础性的作用. [133]

矩阵的秩和行列式

令 $A \in \mathbb{R}^{m \times n}$, 则矩阵 A 的**秩**定义为 A 的线性无关列向量的最大数目. 这也等于 A 的线性无关行向量的最大数目. 方阵 $A \in \mathbb{R}^{n \times n}$ (其中 $A = (\alpha_{ij})_{1 \leqslant i,j \leqslant n}$) 的**行列式**定义如下:

$$\det(A) := \sum_{\sigma \in S_n} \text{sign}(\sigma) \prod_{i=1}^{n} \alpha_{i\sigma(i)},$$

其中 S_n 是集合 $\{1, \cdots, n\}$ 所有排列的集合, 而 $\text{sign}(\sigma)$ 表示排列 σ 的符号. 如果存在矩阵 $B \in \mathbb{R}^{n \times n}$, 使得 $AB = I$, 则方阵 $A \in \mathbb{R}^{n \times n}$ 称为**非奇异的**, 否则 A 是**奇异的**. 方阵 A 是奇异的, 当且仅当 $\det(A) = 0$. 如果存在矩阵 B 使得 $AB = I$, 则称 B 为 A 的**逆**, 记为 A^{-1}. 矩阵 A 的逆是唯一的, 且以下等式成立: $AA^{-1} = A^{-1}A = I$. 而且, 对于非奇异矩阵 A 和 B, $(AB)^{-1} = B^{-1}A^{-1}$. 如果 A 和 B 是在 $\mathbb{R}^{n \times n}$ 上的矩阵, 不难验证 $\det(AB) = \det(A)\det(B)$. 由行列式的定义即可得拉普拉斯展开定理, 即对于每个 $j \in \{1, \cdots, n\}$, 下列等式成立:

$$\det(A) = \sum_{i=1}^{n} (-1)^{i+j} \alpha_{ij} \det(A_{ij}),$$

其中 A_{ij} 表示通过删除 A 的第 i 行、第 j 列所获得的矩阵.

向量总是假设为列向量, 除非它们被转置 (即 $x \in \mathbb{R}^n$, $x^\top$ 是行向量). 对于 $x, y \in \mathbb{R}^n$, $x^\top y \in \mathbb{R}$ 是标准标量积 (也称内积). 对于 $x \in \mathbb{R}^m$, $y \in \mathbb{R}^n$, $xy^\top \in \mathbb{R}^{m \times n}$ 是外积. I 表示单位矩阵, 即方阵 $(\delta_{ij})_{1 \leqslant i,j \leqslant n}$, 其中 $i = j$ 时, $\delta_{ij} = 1$, 而 $i \neq j$ 时 $\delta_{ij} = 0$. 称 I 的列向量为单位向量, 记作 $e_1, \cdots, e_n$. 由上下文可以明确单位向量和单位矩阵的维数. 类似地, 符号 0 可以表示数字零, 或者所有元素都为零的向量或矩阵.

[134]

11.1 高斯消去法的变换

线性代数中的这种基本方法被冠以高斯之名, 但是比他的时代早 2000 多年这种方法在中国已为人知. 高斯消去法基于以下的初等变换:

(1) 交换两行;

(2) 交换两列;

(3) 将一行的倍数加到另一行.

此处, 术语行表示 A 的行以及 b 中的对应元素, 术语列表示 A 的列以及 x 中的对应元素. 除了 (2) 会改变变量的顺序外, 这些变换对解集没有影响. 对于前两个变换, 这是显然的. 对于第三个变换有:

引理 11.2 令 $A \in \mathbb{R}^{m \times n}$ 和 $b \in \mathbb{R}^m$. 令 $p, q \in \{1, \cdots, m\}$, $p \neq q$, $\delta \in \mathbb{R}$. 把 A 的第 p 行的 δ 倍加到 A 的第 q 行, 等价于用 GA 代替 A, 其中 $G := I + \delta e_q e_p^\top \in \mathbb{R}^{m \times m}$.

G 是非奇异的, $G^{-1} = I - \delta e_q e_p^\top$, 且 $\{x : Ax = b\} = \{x : GAx = Gb\}$. 此外, A 和 GA 有相同的秩, 并且若 $m = n$, 则它们的行列式也相等.

证明 第一个结论显然成立. 关于 G 的逆, 容易验证 $(I + \delta e_q e_p^\top)(I - \delta e_q e_p^\top) = I^2 - \delta^2 e_q e_p^\top e_q e_p^\top = I$. 如果 $Ax = b$, 则 $GAx = Gb$. 因为 G 是非奇异的, 逆命题也成立. G 的非奇异性也意味着 GA 和 A 有相同的秩. 如果 $m = n$, 则 $\det(GA) = (\det G)(\det A) = \det A$. □

高斯消去法的主要内容包括通过上述变换将给定矩阵转换成上三角形式:

定义 11.3 令矩阵 $A = (\alpha_{ij}) \in \mathbb{R}^{m \times n}$, 如果对所有的 $i > j$, 都有 $\alpha_{ij} = 0$, 则称 A 为**上三角阵**. 如果对所有的 $i < j$, 都有 $\alpha_{ij} = 0$, 则称 A 为**下三角阵**. 令 $A \in \mathbb{R}^{m \times m}$ 为一个三角方阵, 如果对所有 $i = 1, \cdots, m$, $\alpha_{ii} = 1$, 则称 A 为**单位三角阵**.

引理 11.2 中的矩阵 G 就是单位三角阵.

命题 11.4 单位下三角阵是非奇异的且它的行列式为 1. 它的逆矩阵也是单位下三角阵.

证明 令 $A \in \mathbb{R}^{m \times m}$ 是单位下三角阵. 对 m 作数学归纳以证明结论. 当 $m = 1$ 时, 结论显然. 把 A 写成 $\begin{pmatrix} B & 0 \\ c^\top & 1 \end{pmatrix}$ 的形式, 其中 B 仍是单位下三角阵, 0 是由 $m - 1$ 个零组成的向量, 则 $\det A = \det B$. 由归纳假设容易验证 $A^{-1} = \begin{pmatrix} B^{-1} & 0 \\ -c^\top B^{-1} & 1 \end{pmatrix}$. [135] □

类似地, 非奇异上三角阵的逆也是上三角阵. 重复使用下述引理 (必要时使用行或列交换以确保 $\alpha_{pp} \neq 0$) 可以把 A 转化成上三角形式.

引理 11.5 令 $A = (\alpha_{ij}) \in \mathbb{R}^{m \times n}$ 和 $p \in \{1, \cdots, \min\{m, n\}\}$, 对于所有的 $i = 1, \cdots, p$, 都有 $\alpha_{ii} \neq 0$, 又对于所有的 $j < p$, $i > j$, 都有 $\alpha_{ij} = 0$. 则存在单位下三角阵 $G \in \mathbb{R}^{m \times m}$, 使得在 $GA = (\alpha'_{ij})$ 中, 对于所有的 $i = 1, \cdots, p$, 有 $\alpha'_{ii} \neq 0$, 对于所有的 $j \leqslant p$ 且 $i > j$, 有 $\alpha'_{ij} = 0$. 计算这样的 G 以及矩阵 GA 需要 $O(mn)$ 步.

证明 对于 $i = p + 1, \cdots, m$, 从第 i 行减去第 p 行的 $\frac{\alpha_{ip}}{\alpha_{pp}}$ 倍. 由引理 11.2 可得 $G = \prod_{i=p+1}^{m} (I - \frac{\alpha_{ip}}{\alpha_{pp}} e_i e_p^\top) = I - \sum_{i=p+1}^{m} \frac{\alpha_{ip}}{\alpha_{pp}} e_i e_p^\top$. □

高斯消去法的第一阶段需要 r 次迭代, 因此需要 $O(mn(r+1))$ 步初等变换, 其中 $r \leqslant \min\{m,n\}$ 是矩阵 A 的秩. 剩下的部分不难实现, 这是因为求解系数矩阵为三角阵的线性方程组只需要 $O(n\min\{m,n\})$ 步初等变换:

引理 11.6 令 $A = (\alpha_{ij}) \in \mathbb{R}^{m \times n}$ 为上三角阵且 $b = (\beta_1, \cdots, \beta_m)^\top \in \mathbb{R}^m$. 假设对于所有的 $i = 1, \cdots, m$, 或者 ($i \leqslant n$ 且 $\alpha_{ii} \neq 0$) 成立; 或者 ($\beta_i = 0$ 且对所有的 $j = 1, \cdots, n, \alpha_{ij} = 0$) 成立. 则线性方程组 $Ax = b$ 的解集由所有的 $x = (\xi_1, \cdots, \xi_n)$ 组成, 其中,

对所有的 $i > m$ 或者 $\alpha_{ii} = 0$, $\xi_i \in \mathbb{R}$ 可以取任意值;

对 $i = \min\{m,n\}, \cdots, 1$ 且 $\alpha_{ii} \neq 0$, $\xi_i = \dfrac{1}{\alpha_{ii}}\left(\beta_i - \sum_{j=i+1}^{n} \alpha_{ij}\xi_j\right).$ (11.1)

证明 重新排列 (11.1) 式可得

$$\alpha_{ii}\xi_i + \sum_{j=i+1}^{n} \alpha_{ij}\xi_j = \beta_i,$$

这正好与方程组 $Ax = b$ 的第 i 行对应. 而其他的行都消失了. 注意, 要使用 (11.1) 式计算 ξ_i, 只需要下标更大的变量的值. $\qquad\square$

显然, 类似的结论对下三角阵也成立. 也可能出现 A 的第 i 行所有元素为 0 而 $\beta_i \neq 0$ 的情况, 此时线性方程组无解.

[136] 利用引理 11.6 本节已经完成了高斯消去法. 总结如下:

定理 11.7 求解线性方程组 $Ax = b$ (其中 $A \in \mathbb{R}^{m \times n}$, $b \in \mathbb{R}^m$) 需要 $O(mn(r+1))$ 步初等变换, 其中 r 为 A 的秩.

证明 使用初等变换 (1)—(3), 可以把 A 变换成上三角形式; 见引理 11.5. 如果此时系数矩阵的某一行为 0 而右端的对应项不为 0, 则 $Ax = b$ 无解. 否则, 应用引理 11.6. $\qquad\square$

本章稍后将给出算法的形式化描述.

例 11.8 求解线性方程组

$$\begin{aligned}
3\xi_1 + \xi_2 + 4\xi_3 - 6\xi_4 &= 3, \\
6\xi_1 + 2\xi_2 + 6\xi_3 &= 2, \\
9\xi_1 + 4\xi_2 + 7\xi_3 - 5\xi_4 &= 0, \\
\xi_2 - 3\xi_3 + \xi_4 &= -5
\end{aligned}$$

的过程如下:

$$
\begin{array}{cccc|c}
\mathbf{3} & 1 & 4 & -6 & 3 \\
6 & 2 & 6 & 0 & 2 \\
9 & 4 & 7 & -5 & 0 \\
0 & 1 & -3 & 1 & -5
\end{array}
\rightarrow
\begin{array}{cccc|c}
3 & 1 & 4 & -6 & 3 \\
0 & 0 & -2 & 12 & -4 \\
0 & \mathbf{1} & -5 & 13 & -9 \\
0 & 1 & -3 & 1 & -5
\end{array}
\rightarrow
\begin{array}{cccc|c}
3 & 1 & 4 & -6 & 3 \\
0 & \mathbf{1} & -5 & 13 & -9 \\
0 & 0 & -2 & 12 & -4 \\
0 & 1 & -3 & 1 & -5
\end{array}
$$

$$
\rightarrow
\begin{array}{cccc|c}
3 & 1 & 4 & -6 & 3 \\
0 & 1 & -5 & 13 & -9 \\
0 & 0 & \mathbf{-2} & 12 & -4 \\
0 & 0 & 2 & -12 & 4
\end{array}
\rightarrow
\begin{array}{cccc|c}
3 & 1 & 4 & -6 & 3 \\
0 & 1 & -5 & 13 & -9 \\
0 & 0 & -2 & 12 & -4 \\
0 & 0 & 0 & 0 & 0
\end{array}
$$

第一、第三和第四步运用了引理 11.5, 而在第二步中, 交换了第二和第三行. 第四个方程是多余的. 最终, ξ_4 可以任意取值; 选择 $\xi_4 = 0$ 时, 利用 (11.1) 可以得到一个解 $x = (-2, 1, 2, 0)^\top$.

[137]

如果在算法的最后不使用引理 11.6, 而是继续使用引理 11.5 (从下往上) 把矩阵进一步化成对角形式, 即变成 $\left(\begin{smallmatrix} D & B \\ 0 & 0 \end{smallmatrix}\right)$ 的形式, 其中 D 是一个对角矩阵 (既是上三角又是下三角的方阵). 这被称为高斯–若尔当消去法.

11.2 LU 分解

基于高斯消去法能得到更多的结果:

定义 11.9　矩阵 $A \in \mathbb{R}^{m \times n}$ 的 **LU 分解** 由满足 $LU = A$ 的单位下三角阵 L 和上三角阵 U 组成.

命题 11.10　每个非奇异矩阵最多有一个 LU 分解.

证明　假设 $A = L_1 U_1 = L_2 U_2$. 因为 A 非奇异, 所以 U_2 非奇异, 故有 $U_1 U_2^{-1} = L_1^{-1} L_2$. 上三角阵的逆以及两个上三角阵的乘积都仍然是上三角阵. 下三角阵的逆以及两个下三角阵的乘积也都是下三角阵 (详见命题 11.4). 因此 $U_1 U_2^{-1} = L_1^{-1} L_2$ 意味着这个等式的两边都是单位矩阵. □

然而, 需要注意的是 LU 分解并不总是存在的. 如矩阵 $\left(\begin{smallmatrix} 0 & 1 \\ 1 & 0 \end{smallmatrix}\right)$ 就没有 LU 分解. 因此, 需要做更一般的定义.

定义 11.11　令 $n \in \mathbb{N}$, $\sigma : \{1, \cdots, n\} \to \{1, \cdots, n\}$ 为置换. 对应于 σ 的 (n 阶) **置换矩阵**是 $P_\sigma = (\pi_{ij}) \in \{0,1\}^{n \times n}$, 其中 $\pi_{ij} = 1$ 当且仅当 $\sigma(i) = j$.

矩阵 $A \in \mathbb{R}^{m \times n}$ 的**全主元 LU 分解** 形为 $A = P_\sigma^\top L U P_\tau$, 其中 L 为单位下三角阵, U 为上三角阵, σ 和 τ 为两个置换, 并且 $U = (v_{ij})$ 满足以下性质: 只有 U 的 i 到 m 行所有元素都为 0, 对角线元素 v_{ii} 才等于 0.

因此置换矩阵是从单位矩阵 $I = P_{\mathrm{id}}$ (这里 id 代表恒等函数) 通过交换行 (或列) 得到的. 矩阵左乘 $P_\sigma^\top$ 相当于根据置换 σ 把第 i 行变换为第 $\sigma(i)$ 行, 而矩阵右乘 P_τ 相当于根据置换 τ 交换列. 不难得出下述命题:

[138]

命题 11.12 对所有的 $n \in \mathbb{N}$, n 阶置换矩阵在矩阵乘法运算下构成一个群 (I 作为幺元素). 并且, 对每个置换矩阵 P, $P P^\top = I$ 都成立.

对于非奇异矩阵 A, 总是存在部分主元 LU 分解, 即满足 $\tau = \mathrm{id}$ 的全主元分解. 实际上, 本节稍后会证明每个矩阵都存在全主元 LU 分解, 并且可以通过高斯消去法获得. 如果得到了这样的分解, 则可以很容易确定矩阵的秩、方阵的行列式和非奇异矩阵的逆. 例如:

定理 11.13 令 $Ax = b$ 为线性方程组, 其中 $A \in \mathbb{R}^{m \times n}$. 如果给定 A 的全主元 LU 分解, 则可以使用 $O(m \max\{m, n\})$ 次初等变换求解方程组.

证明 令 A 的全主元 LU 分解为 $A = P_\sigma^\top L U P_\tau$. 求解系数矩阵为 $P_\sigma^\top$, P_τ (平凡的), 以及 L 和 U (引理 11.6) 的线性方程组都可以用 $O(m \max\{m, n\})$ 次初等变换完成. 因此可以相继求解 $P_\sigma^\top z' = b$ (即对 $i = 1, \cdots, m$, $\zeta_i' = \beta_{\sigma(i)}$), $L z'' = z'$, $U z''' = z''$, $P_\tau x = z'''$ (即对 $j = 1, \cdots, n$, $\xi_{\tau(j)} = \zeta_j'''$). 在这一过程中, 有可能发生方程组 $U z''' = z''$ 无解的情况, 这只能发生在 $Ax = b$ 也无解的时候. □

当需要求解多个具有相同系数矩阵 A, 但右端项 b 不同的线性方程组时, 全主元 LU 分解是特别实用的. 当然, (全主元) LU 分解也可以用于确定矩阵的秩 (即 U 的秩) 和行列式 (如果矩阵是方阵); 此时只需要考虑 U 的对角元素 (参见推论 11.16).

接下来, 本节将给出高斯消去法的形式化定义, 特别地, 它将显式地确定全主元 LU 分解. 在实践中, A 经常是事先确定为非奇异的, 因此可以无须进行列交换 (即 $P_\tau = I$). 然而, 从数值稳定性的角度来看, 列交换可能是有意义的; 详见 11.4 节.

该算法维护不变量 $P_\sigma^\top L U P_\tau = A$, 其中 σ 和 τ 始终是置换矩阵, $L = (\lambda_{ij})$ 是单位下三角阵. 当 U 具有所需性质时, 算法终止. U 的第 i 行表示为 v_i, 第 i 列表示为 $v_{\cdot i}$, 对 L 也使用类似的记号.

[139]

算法 11.14 (高斯消去法)

输入: 矩阵 $A \in \mathbb{R}^{m \times n}$.

输出: A 的全主元 LU 分解 (σ, L, U, τ). A 的秩 r.

$\sigma(i) \leftarrow i (i = 1, \cdots, m)$
$L = (\lambda_{ij}) \leftarrow I \in \mathbb{R}^{m \times m}$
$U = (\upsilon_{ij}) \leftarrow A$
$\tau(i) \leftarrow i (i = 1, \cdots, n)$
$r \leftarrow 0$
while 存在 $p, q > r$ 满足 $\upsilon_{pq} \neq 0$ **do**
  选择 $p \in \{r+1, \cdots, m\}$ 和 $q \in \{r+1, \cdots, n\}$ 满足 $\upsilon_{pq} \neq 0$
  $r \leftarrow r + 1$
  if $p \neq r$ **then** $\mathbf{swap}(\upsilon_{p.}, \upsilon_{r.})$, $\mathbf{swap}(\lambda_{p.}, \lambda_{r.})$, $\mathbf{swap}(\lambda_{.p}, \lambda_{.r})$,
      $\mathbf{swap}(\sigma(p), \sigma(r))$
  if $q \neq r$ **then** $\mathbf{swap}(\upsilon_{.q}, \upsilon_{.r})$, $\mathbf{swap}(\tau(q), \tau(r))$
  for $i \leftarrow r+1$ **to** m **do**
    $\lambda_{ir} \leftarrow \frac{\upsilon_{ir}}{\upsilon_{rr}}$
    for $j \leftarrow r$ **to** n **do** $\upsilon_{ij} \leftarrow \upsilon_{ij} - \lambda_{ir}\upsilon_{rj}$.

每次迭代开始选择的元素 υ_{pq} 称为主元. 如果输入矩阵非奇异, 总是可以选择 $q = r + 1$, 从而避免列交换. 这称为部分选主元.

在算法的每次迭代之后, 下述结论显然成立: 若 $\lambda_{ij} \neq 0$, 则 $i = j$ (因此 $\lambda_{ij} = 1$) 或者 $\upsilon_{ij} = 0$ (其中 $U = (\upsilon_{ij})$). 故为节省内存, 实现算法时可以把 L 和 U 存储在同一矩阵中.

定理 11.15 高斯消去法 (算法 11.14) 正确求解了 A 的全主元 LU 分解和秩, 并且需要 $O(mn(r+1))$ 次初等变换, 其中 r 是 A 的秩.

证明 为了证明正确性, 首先证明不变式 $P_\sigma^\top LUP_\tau = A$ 总是成立. 在开始时, 这是显然的.

一次行交换 $(p \neq r)$ 有以下的效果: 交换矩阵 L 的列, 并交换 U 中相对应的行, 不改变 LU 的乘积, 这是因为 $(LP_\pi)(P_\pi^\top U) = LU$. L 的行交换可以通过置换 σ 的变化来补偿, 从而 $P_\sigma^\top L$ 的乘积不会改变.

在一次列交换 $(q \neq r)$ 中, U 的列被交换, 这可以通过对 τ 作置换来补偿; 乘积 UP_τ 保持不变.

余下需要检查在 **for** 循环里 λ_{ir} 和 υ_{ij} $(j = r, \cdots, n)$ 值的变化; 这里需要证

明 LU 保持不变. 为此应用引理 11.5, 即在 $i = r + 1, \cdots, m$ 上连续应用引理 11.2. 这包含在 U 的左边乘以 $I - \lambda_{ir} e_i e_r^\top$ 的运算. 然而, 与此同时, λ_{ir} 已设定, 这相

[140] 当于在 L 的右边乘以 $I + \lambda_{ir} e_i e_r^\top$ (因为此时 $\lambda_{\cdot i} = e_i$, 而之前有 $\lambda_{ir} = 0$). 因为 $(I + \lambda_{ir} e_i e_r^\top)(I - \lambda_{ir} e_i e_r^\top) = I$, 故 LU 的乘积保持不变. 这就完成了 $P_\sigma^\top L U P_\tau = A$ 的不变性的证明.

显然 σ 和 τ 始终是置换. 而且, L 始终是单位下三角阵: 所有被改变的元素都位于对角线的下方, 并且两行和相应两列的交换总是同时发生. 在第 r 次迭代后有 $v_{rr} \neq 0$, 以及对所有的 $i = r + 1, \cdots, m$, $v_{ir} = 0$, 而且这些值在此之后保持不变. 当算法终止时, 对所有的 $i = r + 1, \cdots, m$ 和所有的 $j = 1, \cdots, n$, 有 $v_{ij} = 0$.

由此也可得, 算法终止时 r 是 U 的秩, 也是 A 的秩 (因为置换矩阵和 L 非奇异). 而运行时间的结论是显然的. □

下述结果值得注意:

推论 11.16 计算给定矩阵 $A \in \mathbb{R}^{n \times n}$ 的行列式需要 $O(n^3)$ 步.

证明 应用算法 11.14 来证明. 每个行交换或列交换意味着将行列式乘以 -1. 在完成 k 次行交换和 l 次列交换后, 有 $\det A = (\det P_\sigma^\top)(\det L)(\det U)(\det P_\tau) = (-1)^k \det(U)(-1)^l = (-1)^{k+l} \prod_{i=1}^{n} v_{ii}$. 运行时间由定理 11.15 即得. □

推论 11.17 给定 $A \in \mathbb{R}^{n \times n}$. 可以在 $O(n^3)$ 步内求得 A^{-1} 或者判定 A 奇异.

证明 由定理 11.15, 可以使用算法 11.14, 在 $O(n^3)$ 计算步骤内完成全主元 LU 分解. 如果 A 的秩是 n(即 A 非奇异), 则由定理 11.13, 对 $i = 1, \cdots, n$, 求解方程组 $Ax = e_i$ 需要 $O(n^2)$ 步. A^{-1} 的列即为解向量. □

11.3 有理数域上的高斯消去法

到目前为止, 本章一直假设可以在使用实数时精确地实现高斯消去法. 但实际情况并非如此. 在实践中有两种选择: 使用有理数进行精确计算, 或使用机器数进行计算并隐含接受舍入误差.

考虑第一种选择. 假设输入为有理数, 即 $A \in \mathbb{Q}^{m \times n}$, $b \in \mathbb{Q}^m$. 因为只使用了基本算术运算, 因此计算步骤中出现的每个数字都是有理数. 但是, 完全不明确的是, 要精确地存储算法中出现的所有数字, 所需比特数的增长速度是否低于多项式级别. (例如, 数 2^{2^n} 的二进制表示需要 $2^n + 1$ 比特, 但其计算可以应用 n 次乘法

[141] 来迭代完成).

例 11.18 以下述矩阵为例, 在算法中出现的数字大小可以呈指数级增长:

$$A_n := \begin{pmatrix} 1 & -1 & 0 & \cdots & 0 & 0 & 2 \\ -1 & 2 & -1 & \ddots & 0 & 0 & 2 \\ -1 & 0 & 2 & \ddots & 0 & 0 & 2 \\ \vdots & \vdots & \ddots & \ddots & \ddots & \vdots & \vdots \\ -1 & 0 & 0 & \ddots & 2 & -1 & 2 \\ -1 & 0 & 0 & \cdots & 0 & 2 & 2 \\ -1 & 0 & 0 & \cdots & 0 & 0 & 2 \end{pmatrix} \in \mathbb{Z}^{n \times n},$$

其 LU 分解为

$$A_n = \begin{pmatrix} 1 & 0 & & \cdots & & & 0 \\ -1 & 1 & 0 & & & & \\ & -1 & 1 & \ddots & & & \vdots \\ & & \ddots & \ddots & \ddots & & \\ \vdots & & & \ddots & 1 & 0 & \\ & & & & -1 & 1 & 0 \\ -1 & & \cdots & & & -1 & 1 \end{pmatrix} \begin{pmatrix} 1 & -1 & 0 & \cdots & & 0 & 2 \\ 0 & 1 & -1 & \ddots & & 0 & 4 \\ & 0 & 1 & & & 0 & 8 \\ \vdots & & \ddots & \ddots & \ddots & \vdots & \vdots \\ & & & \ddots & 1 & -1 & 2^{n-2} \\ & & & & 0 & 1 & 2^{n-1} \\ 0 & & \cdots & & & 0 & 2^n \end{pmatrix}.$$

然而, Edmonds [10] 证明, 高斯消去法实际上是多项式 (因此也是强多项式) 算法.

本节首先证明, 有理方阵的行列式的分子和分母的二进制表示至多需要这个矩阵所有元素二进制表示的比特数的两倍.

引理 11.19 令 $n \in \mathbb{N}$, 以及 $A = (\alpha_{ij}) \in \mathbb{Q}^{n \times n}$, 其中 $\alpha_{ij} = \frac{p_{ij}}{q_{ij}}$, $p_{ij} \in \mathbb{Z}$ 且 $q_{ij} \in \mathbb{N}$. 令 $k := \sum_{i,j=1}^{n} (\lceil \log_2(|p_{ij}|+1) \rceil + \lceil \log_2(q_{ij}) \rceil)$. 则存在 $p \in \mathbb{Z}$, $q \in \mathbb{N}$ 满足 $\det A = \frac{p}{q}$ 且 $\lceil \log_2(|p|+1) \rceil + \lceil \log_2(q) \rceil \leq 2k$.

证明 令 $q := \prod_{i,j=1}^{n} q_{ij}$, $p := q \cdot \det A$. 则 $\log_2 q = \sum_{i,j=1}^{n} \log_2 q_{ij} < k$ 且 $p \in \mathbb{Z}$. 由拉普拉斯展开定理和对 n 作数学归纳法, 可以得到 $|\det A| \leq \prod_{i=1}^{n} \sum_{j=1}^{n} |\alpha_{ij}|$. 从而 $|\det A| \leq \prod_{i=1}^{n} \sum_{j=1}^{n} |p_{ij}| < \prod_{i,j=1}^{n} (1 + |p_{ij}|)$, 因此 $\log_2 |p| = \log_2 q + \log_2 |\det A| < \log_2 q + \log_2 \prod_{i,j=1}^{n} (1 + |p_{ij}|) = \sum_{i,j=1}^{n} (\log_2 q_{ij} + \log_2(1 + |p_{ij}|)) < k$. □

例 11.18 表明这个界在常数因子的范围内是紧的. [142]

将该上界用于给定矩阵 $A \in \mathbb{Q}^{m \times n}$ 的子行列式; 这些是子矩阵 $A_{IJ} :=$

$(\alpha_{ij})_{i \in I, j \in J}$ 的行列式, 其中 $I \subseteq \{1, \cdots, m\}, J \subseteq \{1, \cdots, n\}$, 且 $|I| = |J| \neq 0$. 原因如下述引理所示:

引理 11.20   在高斯消去法 (算法 11.14) 运行过程中出现的所有数字, 要么是 0, 要么是 1, 要么是 A 中的元素, 要么是 A 的子行列式的商 (至多相差一个符号).

证明   考虑特定的某一次迭代就足够了, 记其为第 r 次. 这里 U 中满足 $i > r$ 和 $j \geqslant r$ 的元素 v_{ij} 被修改. 如果 $j = r$, 新元素就是零. 如果不是, 则有 $i > r$ 和 $j > r$, 并且在迭代的最后有

$$v_{ij} = \frac{\det U_{\{1, \cdots, r, i\}\{1, \cdots, r, j\}}}{\det U_{\{1, \cdots, r\}\{1, \cdots, r\}}}, \tag{11.2}$$

这是将拉普拉斯展开定理应用于出现在分子中的矩阵的最后一行 (带指标 i) 而得; 可以发现这一行至多有一个非零元素, 即 v_{ij}.

当 $r = 1$ 时, 用以计算 λ_{ir} 的元素 v_{ir} 和 v_{rr} 是 A 中的元素, 因此是 A 的子行列式. 当 $r > 1$ 时, 它们在第 $r - 1$ 次迭代的最后一次被修改. 因此, 由 (11.2) 有

$$\lambda_{ir} = \frac{\det U_{\{1, \cdots, r-1, i\}\{1, \cdots, r\}}}{\det U_{\{1, \cdots, r-1\}\{1, \cdots, r-1\}}} \Big/ \frac{\det U_{\{1, \cdots, r\}\{1, \cdots, r\}}}{\det U_{\{1, \cdots, r-1\}\{1, \cdots, r-1\}}} = \frac{\det U_{\{1, \cdots, r-1, i\}\{1, \cdots, r\}}}{\det U_{\{1, \cdots, r\}\{1, \cdots, r\}}}. \tag{11.3}$$

下面证明在 (11.2) 和 (11.3) 中所出现的商的分子和分母不仅是 U 的子行列式, 也是 A 的子行列式.

由不变式 $P_\sigma^\top L U P_\tau = A$, 可得 $LU = P_\sigma A P_\tau^\top$ 始终成立. 因此, 在第 r 次迭代的最后, 有:

$$
\begin{aligned}
(P_\sigma A P_\tau^\top)_{\{1, \cdots, r, i\}\{1, \cdots, r, j\}} &= (LU)_{\{1, \cdots, r, i\}\{1, \cdots, r, j\}} \\
&= L_{\{1, \cdots, r, i\}\{1, \cdots, m\}} U_{\{1, \cdots, m\}\{1, \cdots, r, j\}} \\
&= L_{\{1, \cdots, r, i\}\{1, \cdots, r, i\}} U_{\{1, \cdots, r, i\}\{1, \cdots, r, j\}},
\end{aligned}
$$

其中最后一个等式成立是因为 L 的后 $n - r$ 列仍然是单位矩阵的列. 对于所有的 $i > r$ 和所有的 $j > r$ 有:

$$
\begin{aligned}
\det (P_\sigma A P_\tau^\top)_{\{1, \cdots, r, i\}\{1, \cdots, r, j\}} &= \det L_{\{1, \cdots, r, i\}\{1, \cdots, r, i\}} \det U_{\{1, \cdots, r, i\}\{1, \cdots, r, j\}} \\
&= \det U_{\{1, \cdots, r, i\}\{1, \cdots, r, j\}}.
\end{aligned}
$$

类似可得

[143]
$$\det (P_\sigma A P_\tau^\top)_{\{1, \cdots, r\}\{1, \cdots, r\}} = \det U_{\{1, \cdots, r\}\{1, \cdots, r\}}.$$

在每种情况下等式的左边是 A 的子行列式 (至多相差一个符号). $\square$

因此可得:

定理 11.21 高斯消去法 (算法 11.14) 是多项式算法.

证明 由引理 11.20, 所有出现在算法中的数字要么是 0, 要么是 1, 要么是 A 中的元素, 要么是 A 的子行列式的商 (至多相差一个符号). 由引理 11.19, 每一个 A 的子行列式可以用 $2k$ 比特存储, 因此子行列式的商最多需要 $4k$ 比特存储, 其中的 k 是输入元素的比特数. 事实上, 为了使这些数字不占用更多的内存, 所有的分数必须化成最简形式. 由推论 3.13, 这可以用欧几里得算法在多项式时间内完成.□

11.4 机器数上的高斯消去法

使用具有任意大分子和分母的有理数来计算是相当慢的. 因此, 在实践中, 通常使用机器数 (如数据类型 double) 求解线性方程组, 并接受舍入误差的产生. 示例 5.5 和下面的例子表明, 在高斯消去法中, 消去会导致舍入误差的放大, 从而导致完全错误的结果.

例 11.22 矩阵 $A = \begin{pmatrix} 2^{-k} & -1 \\ 1 & 1 \end{pmatrix}$ 有 LU 分解.

$$\begin{pmatrix} 2^{-k} & -1 \\ 1 & 1 \end{pmatrix} = \begin{pmatrix} 1 & 0 \\ 2^k & 1 \end{pmatrix} \begin{pmatrix} 2^{-k} & -1 \\ 0 & 2^k+1 \end{pmatrix}.$$

对 $k \in \mathbb{N}$ 和 $k > 52$, 用双精度浮点类型 F_{double} 作运算, 导致下面的舍入结果:

$$\begin{pmatrix} 2^{-k} & -1 \\ 1 & 1 \end{pmatrix} \neq \begin{pmatrix} 1 & 0 \\ 2^k & 1 \end{pmatrix} \begin{pmatrix} 2^{-k} & -1 \\ 0 & 2^k \end{pmatrix} = \begin{pmatrix} 2^{-k} & -1 \\ 1 & 0 \end{pmatrix};$$

即舍入的 LU 分解结果, 其乘积矩阵与 A 完全不同. 部分主元 LU 分解有所改善: 交换第一行和第二行得到

$$\begin{pmatrix} 2^{-k} & -1 \\ 1 & 1 \end{pmatrix} = \begin{pmatrix} 0 & 1 \\ 1 & 0 \end{pmatrix} \begin{pmatrix} 1 & 0 \\ 2^{-k} & 1 \end{pmatrix} \begin{pmatrix} 1 & 1 \\ 0 & -1-2^{-k} \end{pmatrix},$$

这个结果在舍入后, 仍接近正确.

[144]

因此, 没有适当的主元搜索的高斯消去法在数值上是不稳定的. 故人们试图通过主元的巧妙选择来实现数值稳定性. 例如, 建议的策略之一是选择元素 v_{pq} (优先选 $q = r+1$, 即没有列交换) 使得 $\frac{|v_{pq}|}{\max_j |v_{pj}|}$ 尽可能大. 但是, 迄今还没有关于某一特定的主元选择策略总是能够保证数值稳定的严格证明. 至少 Wilkinson [37] 能够给出后向稳定性的界, 从而部分解释了在实践中通常良好的表现. 从后向稳定性的界和条件, 可以得到前向稳定性的界, 正如下面将阐明的.

此处, 只对高斯消去法中较简单的第二阶段作后向分析 (引理 11.6):

定理 11.23 令 $A = (\alpha_{ij}) \in \mathbb{R}^{m \times n}$ 为上三角阵, $b = (\beta_1, \cdots, \beta_m)^\top \in \mathbb{R}^m$, 其中 A 和 b 的所有元素都是机器数域 F 中的数. 令 F 的机器精度 $\mathrm{eps}(F) < \frac{1}{3}$. 假设对所有的 $i = 1, \cdots, m$, 要么有 $(i \leqslant n$ 且 $\alpha_{ii} \neq 0)$; 要么有 $(\beta_i = 0$ 且对所有的 $j = 1, \cdots, n, \alpha_{ij} = 0)$. 如果对机器运算应用引理 11.6 的方法, 且所有中间结果的绝对值等于零或者在 $\mathrm{range}(F)$ 内, 则可得到向量 $\tilde{x}$, 使得存在上三角阵 $\tilde{A} = (\tilde{\alpha}_{ij})$, 满足 $\tilde{A}\tilde{x} = b$, 且对于 $i = 1, \cdots, m, j = 1, \cdots, n$ 有

$$|\alpha_{ij} - \tilde{\alpha}_{ij}| \leqslant \max\{3, n\} \mathrm{eps}(1 + \mathrm{eps})^{n-1}|\alpha_{ij}|.$$

证明 逐步考虑满足 $\alpha_{ii} \neq 0$ 的指标 $i = \min\{m, n\}, \cdots, 1$. 由公式 (11.1), 有:

$$\tilde{\xi}_i = \mathrm{rd}\left(\frac{\mathrm{rd}(\beta_i - s_{i+1})}{\alpha_{ii}}\right),$$

其中

$$s_k = \mathrm{rd}(\mathrm{rd}(\alpha_{ik}\tilde{\xi}_k) + s_{k+1}) \tag{11.4}$$

$(k = i+1, \cdots, n), s_{n+1} := 0$ 并且 rd 是到 F 的舍入.

断言: 令 $k \in \{i+1, \cdots, n+1\}$. 则存在 $\widehat{\alpha}_{ij} \in \mathbb{R}(j = k, \cdots, n)$ 满足 $s_k = \sum_{j=k}^{n} \widehat{\alpha}_{ij}\tilde{\xi}_j$, 并且对于 $j = k, \cdots, n$, 有 $|\widehat{\alpha}_{ij} - \alpha_{ij}| \leqslant (n+2-k)\mathrm{eps}(1+\mathrm{eps})^{n+1-k}|\alpha_{ij}|$.

[145] 通过对 $n+1-k$ 作归纳法来证明断言. 对 $k = n+1$, 这无须证明.

对 $k \leqslant n$, 由归纳假设有 $s_{k+1} = \sum_{j=k+1}^{n} \widehat{\widehat{\alpha}}_{ij}\tilde{\xi}_j$, 其中对 $j = k+1, \cdots, n$, 有 $|\widehat{\widehat{\alpha}}_{ij} - \alpha_{ij}| \leqslant (n+1-k)\mathrm{eps}(1+\mathrm{eps})^{n-k}|\alpha_{ij}|$. 令 rd 为到 F 的舍入. 对于适当选择并满足 $|\epsilon_1|, |\epsilon_2| \leqslant \mathrm{eps}$ (参见定义 4.7) 的 $\epsilon_1, \epsilon_2 \in \mathbb{R}$, 等式 (11.4) 表明

$$\begin{aligned}
s_k &= \mathrm{rd}(\mathrm{rd}(\alpha_{ik}\tilde{\xi}_k) + s_{k+1}) \\
&= ((\alpha_{ik}\tilde{\xi}_k)(1+\epsilon_1) + s_{k+1})(1+\epsilon_2) \\
&= \left((\alpha_{ik}\tilde{\xi}_k)(1+\epsilon_1) + \sum_{j=k+1}^{n} \widehat{\widehat{\alpha}}_{ij}\tilde{\xi}_j\right)(1+\epsilon_2) \\
&= \alpha_{ik}(1+\epsilon_1)(1+\epsilon_2)\tilde{\xi}_k + \sum_{j=k+1}^{n} \widehat{\widehat{\alpha}}_{ij}(1+\epsilon_2)\tilde{\xi}_j.
\end{aligned}$$

定义 $\widehat{\alpha}_{ik} := \alpha_{ik}(1+\epsilon_1)(1+\epsilon_2)$; 且对于 $j = k+1, \cdots, n$, 定义 $\widehat{\alpha}_{ij} := \widehat{\widehat{\alpha}}_{ij}(1+\epsilon_2)$. 则有 $|\widehat{\alpha}_{ik} - \alpha_{ik}| \leqslant |\alpha_{ik}||\epsilon_1 + \epsilon_2 + \epsilon_1\epsilon_2| \leqslant |\alpha_{ik}|(2\mathrm{eps} + \mathrm{eps}^2) < |\alpha_{ik}|2\mathrm{eps}(1+\mathrm{eps})$.

对 $j = k+1, \cdots, n$, 计算

$$\begin{aligned}
|\widehat{\alpha}_{ij} - \alpha_{ij}| &= |(\widehat{\widehat{\alpha}}_{ij} - \alpha_{ij})(1+\epsilon_2) + \epsilon_2\alpha_{ij}| \\
&\leqslant |\widehat{\widehat{\alpha}}_{ij} - \alpha_{ij}|(1 + |\epsilon_2|) + |\epsilon_2||\alpha_{ij}|
\end{aligned}$$

$$\leqslant (n+1-k)\mathrm{eps}(1+\mathrm{eps})^{n-k}|\alpha_{ij}|(1+|\epsilon_2|)+|\epsilon_2||\alpha_{ij}|$$

$$\leqslant ((n+1-k)\mathrm{eps}(1+\mathrm{eps})^{n+1-k}+\mathrm{eps})|\alpha_{ij}|$$

$$< ((n+2-k)\mathrm{eps}(1+\mathrm{eps})^{n+1-k})|\alpha_{ij}|.$$

断言得证.

对 $k=i+1$, 断言表明存在 $\tilde{\alpha}_{ij}\in\mathbb{R}(j=i+1,\cdots,n)$ 满足 $s_{i+1}=\sum_{j=i+1}^{n}\tilde{\alpha}_{ij}\tilde{\xi}_j$, 并且对 $j=i+1,\cdots,n$, 有 $|\tilde{\alpha}_{ij}-\alpha_{ij}|\leqslant (n+1-i)\mathrm{eps}(1+\mathrm{eps})^{n-i}|\alpha_{ij}|$.

对满足 $\alpha_{ii}\neq 0$ 的指标 $i=\min\{m,n\},\cdots,1$, 可以适当选取满足 $|\epsilon_1|,|\epsilon_2|\leqslant\mathrm{eps}$ 的 $\epsilon_1,\epsilon_2\in\mathbb{R}$, 使得:

$$\tilde{\xi}_i=\mathrm{rd}\left(\frac{\mathrm{rd}\left(\beta_i-s_{i+1}\right)}{\alpha_{ii}}\right)=\left(\frac{(\beta_i-s_{i+1})(1+\epsilon_1)}{\alpha_{ii}}\right)(1+\epsilon_2).$$

此外, 定义 $\tilde{\alpha}_{ii}:=\alpha_{ii}/((1+\epsilon_1)(1+\epsilon_2))$, 因为对于 $\epsilon\in\mathbb{R}$ 且 $|\epsilon|\leqslant\frac{1}{3}$, $1-|\epsilon|\leqslant\frac{1}{1+\epsilon}\leqslant 1+\frac{3}{2}|\epsilon|$, 可得 $|\tilde{\alpha}_{ii}-\alpha_{ii}|\leqslant\left(\left(1+\frac{3}{2}\mathrm{eps}\right)\left(1+\frac{3}{2}\mathrm{eps}\right)-1\right)|\alpha_{ii}|<3\mathrm{eps}(1+\mathrm{eps})|\alpha_{ii}|$, 即所求证的结论. 如果 $i=n=1$, 则 $\epsilon_1=0$, 从而有 $|\tilde{\alpha}_{ii}-\alpha_{ii}|\leqslant\frac{3}{2}\mathrm{eps}|\alpha_{ii}|$. 也可得 [146] 到

$$\tilde{\xi}_i=\frac{\beta_i-\sum_{j=i+1}^{n}\tilde{\alpha}_{ij}\tilde{\xi}_j}{\tilde{\alpha}_{ii}}.$$

综上, 可以得到 $\tilde{A}\tilde{x}=b$. □

对于双精度浮点数域 F_{double} 和与实际问题相关的 n 的大小, 项 $(1+\mathrm{eps})^{n-1}$ 非常接近于 1, 从而可以安全地被忽略. 例如, 对于 F_{double} 和 $n=10^6$, 有 $|\alpha_{ij}-\tilde{\alpha}_{ij}|\leqslant 2^{-33}|\alpha_{ij}|$. 因此, 高斯消去法的第二阶段是后向稳定的.

然而, $\tilde{x}$ 的相对误差实际上更受关注. 在下一节中可以看到, 借助后向稳定的条件能够得到相对误差. 但为此需要更多的理论.

11.5 矩阵范数

为了推广条件数的定义, 使其适用于更高维度的问题, 需要范数的概念. 映射可以减少或增加误差. 本节将关注与线性方程组的解相关的线性映射.

定义 11.24 令 V 是定义在 $\mathbb{R}$ 上的向量空间 (例如 $V=\mathbb{R}^n$ 或者 $V=\mathbb{R}^{m\times n}$; 类似地可以用 $\mathbb{C}$ 代替 $\mathbb{R}$). 则 V 上的**范数**是映射 $\|\cdot\|:V\to\mathbb{R}$, 满足:

- 对于任意的 $x\neq 0$, $\|x\|>0$;

- 对于任意的 $\alpha\in\mathbb{R}$ 和任意的 $x\in V$, $\|\alpha x\|=|\alpha|\cdot\|x\|$;

- 对于任意的 $x,y\in V$, $\|x+y\|\leqslant\|x\|+\|y\|$(三角不等式).

矩阵范数是 $\mathbb{R}^{m \times n}$ 上的范数.

例 11.25   下面列出几个常用的向量范数 (对 $x = (\xi_i) \in \mathbb{R}^n$)):

- $\|x\|_1 := \sum_{i=1}^{n} |\xi_i|$ (绝对值之和范数、ℓ_1 范数、曼哈顿范数);

- $\|x\|_\infty := \max_{1 \leqslant i \leqslant n} |\xi_i|$ (最大值范数、ℓ_∞ 范数).

一些常用的矩阵范数 (对 $A = (\alpha_{ij}) \in \mathbb{R}^{m \times n}$)) 如下:

- $\|A\|_1 := \max_{1 \leqslant j \leqslant n} \sum_{i=1}^{m} |\alpha_{ij}|$ (最大绝对列和范数);

- $\|A\|_\infty := \max_{1 \leqslant i \leqslant m} \sum_{j=1}^{n} |\alpha_{ij}|$ (最大绝对行和范数).

[147]   从现在开始, 只考虑方阵.

定义 11.26   称 $\mathbb{R}^{n \times n}$ 上的矩阵范数 $\|\cdot\|^M$ 与 $\mathbb{R}^n$ 上的向量范数 $\|\cdot\|$ **相容**, 如果对于所有的 $A \in \mathbb{R}^{n \times n}$ 和所有的 $x \in \mathbb{R}^n$, 都有:

$$\|Ax\| \leqslant \|A\|^M \cdot \|x\|.$$

如果对所有的 $A, B \in \mathbb{R}^{n \times n}$ 都有:

$$\|AB\| \leqslant \|A\| \cdot \|B\|.$$

称矩阵范数 $\|\cdot\| : \mathbb{R}^{n \times n} \to \mathbb{R}$ 为**次可乘的**.

注意并不是所有的矩阵范数 $\|\cdot\| : \mathbb{R}^{n \times n} \to \mathbb{R}$ 都是次可乘的: 例如 $\|A\| := \max_{1 \leqslant i,j \leqslant n} |\alpha_{ij}|$ 定义了矩阵范数, 满足 $\left\| \begin{pmatrix} 1 & 1 \\ 0 & 0 \end{pmatrix} \begin{pmatrix} 1 & 0 \\ 1 & 0 \end{pmatrix} \right\| = \left\| \begin{pmatrix} 2 & 0 \\ 0 & 0 \end{pmatrix} \right\| = 2 > 1 \cdot 1 = \left\| \begin{pmatrix} 1 & 1 \\ 0 & 0 \end{pmatrix} \right\| \cdot \left\| \begin{pmatrix} 1 & 0 \\ 1 & 0 \end{pmatrix} \right\|$. 而且, 这个范数也和向量范数 $\|\cdot\|_\infty$ 不相容, 如下例所示: $\left\| \begin{pmatrix} 1 & 1 \\ 0 & 0 \end{pmatrix} \begin{pmatrix} 1 \\ 1 \end{pmatrix} \right\|_\infty = \left\| \begin{pmatrix} 2 \\ 0 \end{pmatrix} \right\|_\infty = 2 > 1 \cdot 1 = \left\| \begin{pmatrix} 1 & 1 \\ 0 & 0 \end{pmatrix} \right\| \cdot \left\| \begin{pmatrix} 1 \\ 1 \end{pmatrix} \right\|_\infty$.

定理 11.27   令 $\|\cdot\|$ 是 $\mathbb{R}^n$ 上的向量范数. 则对于所有的 $A \in \mathbb{R}^{n \times n}$, 由

$$|||A||| := \max \left\{ \frac{\|Ax\|}{\|x\|} \;\middle|\; x \in \mathbb{R}^n \setminus \{0\} \right\} = \max\{\|Ax\| : x \in \mathbb{R}^n, \|x\| = 1\}$$

定义的映射 $||| \cdot ||| : \mathbb{R}^{n \times n} \to \mathbb{R}$ 是与 $\|\cdot\|$ 相容的次可乘矩阵范数.

证明   首先证明 $||| \cdot |||$ 是范数:

- 如果 $A \neq 0$, 则显然存在元素 $\alpha_{ij} \neq 0$, 因此 $Ae_j \neq 0$, 从而 $\|Ae_j\| > 0$. 故 $|||A||| = \max_{x \neq 0} \frac{\|Ax\|}{\|x\|} \geqslant \frac{\|Ae_j\|}{\|e_j\|} > 0$.

- 对于所有的 $\alpha \in \mathbb{R}$ 和 $A \in \mathbb{R}^{n \times n}$, 有 $|||\alpha A||| = \max_{x \neq 0} \frac{\|\alpha Ax\|}{\|x\|} = |\alpha| \max_{x \neq 0} \frac{\|Ax\|}{\|x\|}$ $= |\alpha| \cdot |||A|||$.

- 对所有的 $A, B \in \mathbb{R}^{n \times n}$, 有

$$
\begin{aligned}
|||A + B||| &= \max_{\|x\|=1} \|(A + B)x\| \\
&\leqslant \max_{\|x\|=1} (\|Ax\| + \|Bx\|) \\
&\leqslant \max_{\|x\|=1} \|Ax\| + \max_{\|x\|=1} \|Bx\| \\
&= |||A||| + |||B|||.
\end{aligned}
$$

[148]

此外, $||| \cdot |||$ 是次可乘的, 因为对所有的 $A, B \in \mathbb{R}^{n \times n}$ 且 $B \neq 0$, 有

$$
\begin{aligned}
|||AB||| &= \max_{x \neq 0} \frac{\|ABx\|}{\|x\|} \\
&= \max_{Bx \neq 0} \left(\frac{\|A(Bx)\|}{\|Bx\|} \cdot \frac{\|Bx\|}{\|x\|} \right) \\
&\leqslant \max_{y \neq 0} \frac{\|Ay\|}{\|y\|} \cdot \max_{x \neq 0} \frac{\|Bx\|}{\|x\|} \\
&= |||A||| \cdot |||B|||.
\end{aligned}
$$

最后, $||| \cdot |||$ 与 $\| \cdot \|$ 相容, 因为对于所有的 $A \in \mathbb{R}^{n \times n}$ 和所有的 $x \in \mathbb{R}^n$, 有

$$
|||A||| \cdot \|x\| = \max_{y \neq 0} \frac{\|Ay\|}{\|y\|} \|x\| \geqslant \|Ax\|. \qquad \square
$$

定理 11.27 中所定义的矩阵范数 $||| \cdot |||$ 称为由 $\| \cdot \|$ **诱导**的范数. 由特定向量范数诱导的矩阵范数显然是与该向量范数相容的所有矩阵范数中最小的.

例 11.28 ℓ_1 范数 $x \mapsto \|x\|_1 (x \in \mathbb{R}^n)$ 诱导出最大绝对列和范数 $A \mapsto \|A\|_1 (A \in \mathbb{R}^{n \times n})$, 因为下式成立:

$$
\max\{\|Ax\|_1 : \|x\|_1 = 1\} = \max \left\{ \sum_{i=1}^{n} \left| \sum_{j=1}^{n} \alpha_{ij} \xi_j \right| : \sum_{j=1}^{n} |\xi_j| = 1 \right\} = \max_{1 \leqslant j \leqslant n} \sum_{i=1}^{n} |\alpha_{ij}|
$$

(第一个最大值由单位向量获得).

范数 $x \mapsto \|x\|_\infty$ 诱导出最大绝对行和范数 $A \mapsto \|A\|_\infty$, 因为下式成立:

$$
\max\{\|Ax\|_\infty : \|x\|_\infty = 1\} = \max \left\{ \max_{1 \leqslant i \leqslant n} \left| \sum_{j=1}^{n} \alpha_{ij} \xi_j \right| : |\xi_j| \leqslant 1, \forall j \right\} = \max_{1 \leqslant i \leqslant n} \sum_{j=1}^{n} |\alpha_{ij}|.
$$

[149]

11.6　线性方程组的条件 (数)

回顾 5.3 节中给出的数值计算问题条件数的定义. 此处, 通过把每个绝对值替换为范数, 可将定义 5.6 推广到多维问题. 显然, 现在条件数取决于所选择的范数.

简单起见, 仅考虑线性方程组 $Ax = b$, 其中 $A \in \mathbb{R}^{n \times n}$ 且非奇异; 从而问题被唯一确定: 只需要找到唯一解 $x = A^{-1}b$.

在初始的时候, 固定矩阵 A, 仅考虑 b 作为输入值. 则有:

命题 11.29　令 $A \in \mathbb{R}^{n \times n}$ 非奇异, 而 $\|\cdot\| : \mathbb{R}^n \to \mathbb{R}$ 是固定的向量范数. 则问题 $b \mapsto A^{-1}b$(关于给定范数) 的条件数是

$$\kappa(A) := \|A^{-1}\| \cdot \|A\|,$$

其中记号 $\|\cdot\|$ 也表示由向量范数 $\|\cdot\|$ 诱导的矩阵范数.

证明　根据上面的定义计算条件数:

$$\sup\left\{\lim_{\epsilon \to 0} \sup\left\{\frac{\frac{\|A^{-1}b - A^{-1}b'\|}{\|A^{-1}b\|}}{\frac{\|b - b'\|}{\|b\|}} : b' \in \mathbb{R}^n, 0 < \|b - b'\| < \epsilon\right\} : b \in \mathbb{R}^n, b \neq 0\right\}$$

$$= \sup\left\{\frac{\|A^{-1}(b - b')\|}{\|b - b'\|} \cdot \frac{\|A(A^{-1}b)\|}{\|A^{-1}b\|} : b, b' \in \mathbb{R}^n, b \neq 0, b' \neq b\right\}$$

$$= \sup\left\{\frac{\|A^{-1}x\|}{\|x\|} : x \neq 0\right\} \cdot \sup\left\{\frac{\|Ay\|}{\|y\|} : y \neq 0\right\}$$

$$= \|A^{-1}\| \cdot \|A\|. \qquad \square$$

$\kappa(A)$ 也称为矩阵 A 的**条件数**. 因为 $\|A^{-1}\| \cdot \|A\| \geqslant \|A^{-1}A\| = \|I\| = 1$, 所以条件数不小于 1.

如果知道 A 的条件数 (或至少知道其上界), 则可以估计近似解 $\tilde{x}$ 的精确程度: 计算残差向量 $r := A\tilde{x} - b$, 然后设 $\tilde{x} = A^{-1}(b + r)$, $x = A^{-1}b$, 得到

[150]
$$\frac{\|x - \tilde{x}\|}{\|x\|} = \frac{\|A^{-1}b - A^{-1}(b + r)\|}{\|x\|} = \frac{\|A^{-1}r\| \cdot \|Ax\|}{\|b\| \cdot \|x\|} \leqslant \frac{\|A^{-1}\| \cdot \|r\|}{\|b\|}\|A\| = \kappa(A)\frac{\|r\|}{\|b\|}.$$

如果误差太大, 可以尝试迭代后步骤: (近似) 求解方程组 $Ax = r$, 然后从 $\tilde{x}$ 中减去解向量.

例 11.30　考虑示例 5.5 中给出的线性方程组:

$$\begin{pmatrix} 10^{-20} & 2 \\ 10^{-20} & 10^{-20} \end{pmatrix} \begin{pmatrix} \xi_1 \\ \xi_2 \end{pmatrix} = \begin{pmatrix} 1 \\ 10^{-20} \end{pmatrix}.$$

在双精度浮点运算域 F_{double} 中使用机器运算的高斯消去法 (没有选主元), 产生了近似解 $\xi_2 = \frac{1}{2}, \xi_1 = 0$. 这个解有非常小的残差向量

$$\begin{pmatrix} 10^{-20} & 2 \\ 10^{-20} & 10^{-20} \end{pmatrix} \begin{pmatrix} 0 \\ \frac{1}{2} \end{pmatrix} - \begin{pmatrix} 1 \\ 10^{-20} \end{pmatrix} = \begin{pmatrix} 0 \\ -\frac{1}{2} \cdot 10^{-20} \end{pmatrix},$$

但是, 这并不意味着解必然是好的, 因为矩阵的条件数很糟糕:

$$\kappa \begin{pmatrix} 10^{-20} & 2 \\ 10^{-20} & 10^{-20} \end{pmatrix} = \left\| \begin{pmatrix} 10^{-20} & 2 \\ 10^{-20} & 10^{-20} \end{pmatrix} \right\| \cdot \left\| \begin{pmatrix} \dfrac{-1}{2-10^{-20}} & \dfrac{2 \cdot 10^{20}}{2-10^{-20}} \\ \dfrac{1}{2-10^{-20}} & \dfrac{-1}{2-10^{-20}} \end{pmatrix} \right\| \approx 2 \cdot 10^{20}.$$

将第二行乘以 10^{20} 大幅改善了条件数:

$$\kappa \begin{pmatrix} 10^{-20} & 2 \\ 1 & 1 \end{pmatrix} = \left\| \begin{pmatrix} 10^{-20} & 2 \\ 1 & 1 \end{pmatrix} \right\| \cdot \left\| \begin{pmatrix} \dfrac{-1}{2-10^{-20}} & \dfrac{2}{2-10^{-20}} \\ \dfrac{1}{2-10^{-20}} & \dfrac{-10^{-20}}{2-10^{-20}} \end{pmatrix} \right\| \approx 2.$$

(在这两种情况下使用最大绝对行和范数). 然而, 这导致了产生很大的残差向量:

$$\begin{pmatrix} 10^{-20} & 2 \\ 1 & 1 \end{pmatrix} \begin{pmatrix} 0 \\ \frac{1}{2} \end{pmatrix} - \begin{pmatrix} 1 \\ 1 \end{pmatrix} = \begin{pmatrix} 0 \\ -\frac{1}{2} \end{pmatrix}.$$

但是, 当使用后向稳定算法时, 良好的条件数是有帮助的. 一般地, 如果要解决数值计算问题的实例 I, 并且知道由特定算法找到的近似解 $\tilde{x}$ 是实例 $\tilde{I}$ 的正确解, 且 $\frac{\|I-\tilde{I}\|}{\|I\|}$ 很小 (后向稳定性), 则由 $\kappa(I)\frac{\|I-\tilde{I}\|}{\|I\|}$ 给出的相对误差 $\frac{\|x-\tilde{x}\|}{\|x\|}$ 达到一阶近似. 这假定了 (显然不总是给定的) 线性行为, 否则就仅对于足够小的误差近似正确. 这也称为线性误差理论.

定理 11.23 提供了一个实例. 然而, 这里的矩阵是扰动的, 而右端项不扰动. 因此实例的条件数不仅 (如命题 11.29 所述的) 是矩阵的条件数, 而需要以下更一般的表述.

[151]

定理 11.31 给定 $A, \tilde{A} \in \mathbb{R}^{n \times n}$, 其中 A 非奇异, 并且 $\|\tilde{A}-A\|\|A^{-1}\| < 1$(关于固定的向量范数和诱导矩阵范数). 则 $\tilde{A}$ 非奇异.

此外, 给定 $b, \tilde{b} \in \mathbb{R}^n$, 其中 $b \neq 0$. 则对于 $x := A^{-1}b, \tilde{x} := \tilde{A}^{-1}\tilde{b}$, 以下不等式成立:

$$\frac{\|\tilde{x}-x\|}{\|x\|} \leqslant \frac{\kappa(A)}{1-\|\tilde{A}-A\|\|A^{-1}\|} \left(\frac{\|\tilde{b}-b\|}{\|b\|} + \frac{\|\tilde{A}-A\|}{\|A\|} \right).$$

证明 对所有的 $y \in \mathbb{R}^n$ 下式成立:

$$
\begin{aligned}
\|A^{-1}\| \cdot \|\tilde{A}y\| &\geqslant \|A^{-1}\tilde{A}y\| \\
&= \|y + A^{-1}(\tilde{A}-A)y\| \\
&\geqslant \|y\| - \|A^{-1}(\tilde{A}-A)y\| \\
&\geqslant \|y\| - \|A^{-1}\| \cdot \|\tilde{A}-A\| \cdot \|y\| \\
&= (1 - \|\tilde{A}-A\|\|A^{-1}\|)\|y\|.
\end{aligned} \tag{11.5}
$$

由定理条件的假设, 对所有的 $y \neq 0$, 右端都是正的, 因此对所有的 $y \neq 0$, $\|\tilde{A}y\| > 0$. 故 $\tilde{A}$ 非奇异.

在 (11.5) 中, 令 $y = \tilde{x} - x$, 并利用

$$
\begin{aligned}
\|\tilde{A}(\tilde{x}-x)\| &= \|\tilde{b} - \tilde{A}x\| \\
&= \|(\tilde{b}-b) - (\tilde{A}-A)x\| \\
&\leqslant \|\tilde{b}-b\| + \|\tilde{A}-A\| \cdot \|x\| \\
&= \|A\| \left(\frac{\|\tilde{b}-b\|}{\|b\|} \cdot \frac{\|Ax\|}{\|A\|} + \frac{\|\tilde{A}-A\|}{\|A\|} \cdot \|x\| \right) \\
&\leqslant \|A\| \left(\frac{\|\tilde{b}-b\|}{\|b\|} + \frac{\|\tilde{A}-A\|}{\|A\|} \right) \|x\|,
\end{aligned}
$$

可以得到

$$
\|\tilde{x}-x\| \leqslant \frac{\|A^{-1}\|}{1 - \|\tilde{A}-A\|\|A^{-1}\|} \|A\| \left(\frac{\|\tilde{b}-b\|}{\|b\|} + \frac{\|\tilde{A}-A\|}{\|A\|} \right) \|x\|,
$$

即为所求证的结果. $\square$

至少对于条件数较小的矩阵而言, 定理 11.23 和 11.31 很好地估计了在高斯消 [152] 去法第二阶段中使用机器数得到的解的相对误差.

在实例 11.30 中可以看到, 通常可以通过将行乘以 (非零) 数来改善矩阵的条件数. 也可以类似地将列乘以非零常数. 一般来说, 可以选择非奇异的对角矩阵 D_1 和 D_2, 使得 $D_1 A D_2$ 比 A 有更好的条件数; 进而求解方程组 $(D_1 A D_2)y = D_1 b$ 来代替 $Ax = b$, 最后计算 $x := D_2 y$. 这称为预处理.

矩阵 D_1 和 D_2 事实上可以是任何非奇异矩阵, 但遗憾的是, 即使在使用对角矩阵时, 都还不清楚如何最好地选择 D_1 和 D_2. 通常是试图使得 $D_1 A D_2$ 的各行和各列元素绝对值之和相近, 这称为平衡化. 如果将预处理限制为仅能在左边乘以对角矩阵 (即 $D_2 = I$), 则相等的绝对行和确实能产生关于 ℓ_∞ 范数的最好可能条件数:

定理 11.32 令 $A = (\alpha_{ij}) \in \mathbb{R}^{n \times n}$ 为非奇异矩阵, 并且对于 $i = 1, \cdots, n$, 均有 $\sum_{j=1}^{n} |\alpha_{ij}| = \sum_{j=1}^{n} |\alpha_{1j}|$. 则对于每个非奇异的对角矩阵 D, 关于 ℓ_∞ 范数, 都有

$$\kappa(DA) \geqslant \kappa(A).$$

证明 令 $\delta_1, \cdots, \delta_n$ 是 D 的对角元素. 则

$$\|DA\|_\infty = \max_{1 \leqslant i \leqslant n} |\delta_i| \sum_{j=1}^{n} |\alpha_{ij}| = \|A\|_\infty \max_{1 \leqslant i \leqslant n} |\delta_i|.$$

这里利用了所有绝对行和都相等的事实.

D 的逆矩阵的对角元素是 $\frac{1}{\delta_1}, \cdots, \frac{1}{\delta_n}$. 令 $A^{-1} = (\alpha'_{ij})_{i,j=1,\cdots,n}$, 则有:

$$\|(DA)^{-1}\|_\infty = \|A^{-1}D^{-1}\|_\infty$$
$$= \max_{1 \leqslant i \leqslant n} \sum_{j=1}^{n} \frac{|\alpha'_{ij}|}{|\delta_j|} \geqslant \frac{\max_{1 \leqslant i \leqslant n} \sum_{j=1}^{n} |\alpha'_{ij}|}{\max_{1 \leqslant k \leqslant n} |\delta_k|} = \frac{\|A^{-1}\|_\infty}{\max_{1 \leqslant k \leqslant n} |\delta_k|}.$$

将这两个表达式相乘得到:

$$\kappa(DA) = \|DA\|_\infty \|A^{-1}D^{-1}\|_\infty \geqslant \|A\|_\infty \|A^{-1}\|_\infty = \kappa(A). \qquad \square \quad [153]$$

总之, 高斯消去法 (必要时需要预处理和/或迭代后步骤) 是用于求解一般线性方程组和相关问题的有效方法. 如果需要精确求解, 那么必须使用有理数精确计算 (11.3 节). 对于具有特殊性质的方程组, 通常有其他更好的方法, 但是本书不做详细讨论.

[154]

参考文献

[1] Agrawal M, Kayal N, Saxena N: PRIMES is in P. Annals of Mathematics 2004; 160: 781 – 93.

[2] Applegate DL, Bixby RE, Chvátal V, Cook WJ. The Traveling Salesman Problem. A Computational Study. Princeton University Press; 2006.

[3] Bellman R. On a routing problem. Quarterly of Applied Mathematics 1958; 16: 87 – 90.

[4] Berge C. Two theorems in graph theory. Proceedings of the National Academy of Sciences of the United States of America 1957; 43: 842 – 44.

[5] C++ Standard. ISO/IEC 14882:2011. http://www.open-std.org/jtc1/sc22/wg21/docs/papers/2012/n3337.pdf.

[6] Church A. An unsolvable problem of elementary number theory. American Journal of Mathematics 1936; 58: 345 – 63.

[7] Cormen TH, Leiserson CE, Rivest RL, Stein C. Introduction to Algorithms. 3. ed. MIT Press; 2009.

[8] Dantzig GB, Fulkerson DR. On the max-flow min-cut theorem of networks. In: Kuhn HW, Tucker AW, eds. Linear Inequalities and Related Systems. Princeton University Press, Princeton; 1956: 215 – 21.

[9] Dijkstra EW. A note on two problems in connexion with graphs. Numerische Mathematik 1959; 1: 269 – 71.

[10] Edmonds J. Systems of distinct representatives and linear algebra. Journal of Research of the National Bureau of Standards 1967; B71: 241 – 5.

[11] Edmonds J, Karp RM. Theoretical improvements in algorithmic efficiency for network flow problems. Journal of the ACM 1972; 19: 248 – 64.

[12] Folkerts M. Die älteste lateinische Schrift über das indische Rechnen nach al-Ḫā wartzmī München: Verlag der Bayerischen Akademie der Wissenschaften; 1997.

[13] Ford LR. Network flow theory. Paper P-923, The Rand Corporation, Santa Monica 1956.

[14] Ford LR, Fulkerson, DR. Maximal flow through a network. Canadian Journal of Mathematics 1956; 8: 399 – 404.

[15] Ford LR, Fulkerson, DR. A simple algorithm for finding maximal network flows and an application to the Hitchcock problem. Canadian Journal of Mathematics 1957; 9: 210 – 18.

[16] Frobenius G. Über zerlegbare Determinanten. Sitzungsberichte der Königlich Preussischen Akademie der Wissenschaften 1917; XVIII: 274 – 77.

[17] Fürer M. Faster integer multiplication. SIAM Journal on Computing 2009; 39: 979 – 1005.

[18] Held M, Karp RM. A dynamic programming approach to sequencing problems. Journal of the SIAM 1962; 10: 196 – 210.

[19] IEEE Standard for Floating-Point Arithmetic. IEEE Computer Society, IEEE Std 754 – 2008. DOI 10.1109/IEEESTD.2008.4610935.

[20] Jarník V. O jistém probleému minimálním. Práce Moravské Přímrodovědecké Společnosti 1930; 6: 57 – 63.

[21] Karatsuba A, Ofman Y. Multiplication of multidigit numbers on automata. Soviet Physics 1963; Doklady 7: 595 – 6.

[22] Knuth DE. The Art of Computer Programming; vols. 1 – 4A. 3. ed. Addison-Wesley; 2011.

[23] König D. Über Graphen und ihre Anwendung auf Determinantentheorie und Mengenlehre. Mathematische Annalen 1916; 77: 453 – 65.

[24] Kruskal JB. On the shortest spanning subtree of a graph and the traveling salesman problem. Proceedings of the AMS 1956; 7: 48 – 50.

[25] Lippman SB, Lajoie J, Moo BE. C++ Primer. 5. ed. Addison Wesley; 2013.

[26] Moore EF. The shortest path through a maze. Proceedings of an International Symposium on the Theory of Switching; Part II. Harvard University Press; 1959. S. 285 – 92.

[27] Oliveira e Silva T. Empirical verification of the 3x+1 and related conjectures. In: Lagarias JC, ed. The Ultimate Challenge: The 3x+1 Problem. American Mathematical Society 2010: 189 – 207.

[28] Petersen J. Die Theorie der regulären Graphs. Acta Mathematica 1891; 15, 193 – 220.

[29] Prim RC. Shortest connection networks and some generalizations. The Bell System Technical Journal 1957; 36: 1389 – 401.

[30] Schönhage A, Strassen V. Schnelle Multiplikation großer Zahlen. Computing 1971; 7: 281 – 92.

[31] Stroustrup B. The C++ Programming Language. 4. ed. Addison-Wesley; 2013.

[32] Stroustrup B. Programming: Principles and Practice Using C++. 2. ed. Addison Wesley; 2014.

[33] Tarjan RE. Data Structures and Network Algorithms. SIAM; 1983.

[34] Treiber D. Zur Reihe der Primzahlreziproken. Elemente der Mathematik 1995; 50: 164 – 6.

[35] Turing AM. On computable numbers, with an application to the Entscheidungsproblem. Proceedings of the London Mathematical Society 1937; (2) 42: 230–65 and 43: 544–6.

[36] Vogel K, ed. Mohammed ibn Musa Alchwarizmi's Algorismus. Das früheste Lehrbuch zum Rechnen mit indischen Ziffern. Aalen: Zeller; 1963.

[37] Wilkinson JH. Error analysis of direct methods of matrix inversion. Journal of the ACM 1961; 8: 281–330.

索引

索引中页码为书中切口处标注的原书页码.